中国插花艺术体系

ZHONGGUO CHAHUA YISHU TIXI

王莲英　张燕　李其蔓　张贵敏　著

中国林业出版社
China Forestry Publishing House

图书在版编目(CIP)数据

中国插花艺术体系/王莲英等著.-- 北京：中国林业出版社, 2021.5
ISBN 978-7-5219-1060-5

Ⅰ.①中… Ⅱ.①王… Ⅲ.①插花—装饰美术—中国 Ⅳ.①J525.12

中国版本图书馆CIP数据核字(2021)第037289号

责任编辑：贾麦娥

出版 中国林业出版社（100009 北京市西城区刘海胡同 7 号）
http://www.forestry.gov.cn/lycb.html 电话：(010)83143562
发行 中国林业出版社
印刷 河北京平诚乾印刷有限公司
版次 2021 年 5 月第 1 版
印次 2021 年 5 月第 1 次印刷
开本 710mm×1000mm 1/16
印张 14
字数 305 千字
定价 88.00 元

前言

　　中国插花艺术自春秋战国起始，经过历朝历代绵延传承至今，已有3000年的历史，由于时代变化，朝代更迭，社会面貌、经济状况、文化表现和艺术风格等必然随之变化，各有不同。作为文化艺术中的一朵小葩——插花艺术自然也是随之变化而发展，其构成、表现形式反映的时代精神与社会面貌，多有差异。但经近四十年来对我国古代各朝（清代以前）插花的挖掘与梳理，其理念、宗旨和创作主张与审美情趣大同小异，有共同的特色，故称之为中国传统插花艺术，其悠久的历史、独特的理念与丰富的文化内涵和人文精神，体现了中华民族的文化精神与智慧的创造力，是中国插花艺术的根基与主流，但传统不是凝固的，必随时代变迁而发展与时俱进，自我国改革开放以来，国力逐步强大，百业兴旺发达，尤进入21世纪的当今，特别是在国际文化艺术多元化浪潮涌动下。中国广阔的市场，成为世界插花艺坛关注的热点，欧美、日本、韩国等各国各流派插花团队，扑涌而来，开设学堂，培训办班，开展演展活动，十分活跃，我国插花界也积极吸收这些外来艺术流派的优点，取长补短，发展壮大自己。目前各地流派纷呈，培训展演活动如火如荼。为了更好更及时反映我国当今新时代、新气象、新面貌，各地都在弘扬中国传统插花技艺文化的基础上，积极大胆变革、创新，呈现一派百花齐放的大好态势，在此局面下，有必要并及时地按照体系对所有中国插花尤为改革开放以来出现的千姿百态的插花流派、类别进行系统地总结、归纳与组合，形成一个有机的整体，便于区分与交流学习，便于有针对性地培训和正规传承，整体上有秩序、有规范地体现中国插花艺术的特色与风貌，所以构建中国插花艺术体系是当下时代的必然需求。

目 录

卷一

中国传统插花艺术体系

第一章 中国传统插花艺术简述及其由来… 002
  中国传统插花艺术简述……………… 003
  中国传统插花艺术的发展简史………… 004

第二章 中国传统插花艺术的核心特点…… 030
  中国传统插花艺术的理念、宗旨与目的… 031
  中国传统插花艺术的指导思想………… 035
  中国传统插花的创作核心——重形尚意… 037
  中国传统插花的品评标准……………… 040

第三章 中国传统插花的创作方法与途径… 050
  构思立意……………………………… 051
  构图造型……………………………… 055

第四章 中国传统插花造型的技法………… 064
  花材文化的选用……………………… 065
  花材的修剪与整形…………………… 067
  花材的固定技巧……………………… 070

卷二
中国现代插花艺术体系

第一章　中国现代插花艺术的概念及其意义 … 076
　　中国现代插花艺术的概念………………… 077
　　中国现代插花艺术的主导精神…………… 078
第二章　开拓创新花材文化的新内涵……… 079
　　百花齐放　开拓新花材的选用………… 080
　　创造新花材的寓意和象征性…………… 094
第三章　开拓创新适宜现代插花艺术的容器 … 096
　　重现容器在现代插花中的作用与意义… 097
　　适宜现代插花的器型简介……………… 098
　　中国现代插花构图形式的创新………… 104
　　中国现代插花作品范例………………… 108

卷三
中国现代花艺体系

第一章　插花与花艺的概念异同及主要特点 … 146
　　插花与花艺的概念……………………… 147
　　西方现代花艺的特点与技法…………… 150
第二章　中国现代花艺新体系的构造……… 163
　　创建中国现代花艺的必要性…………… 164
　　创建中国现代花艺的经验总结与感悟… 166
第三章　中国现代花艺作品实例鉴赏……… 168

卷一 中国传统插花艺术体系

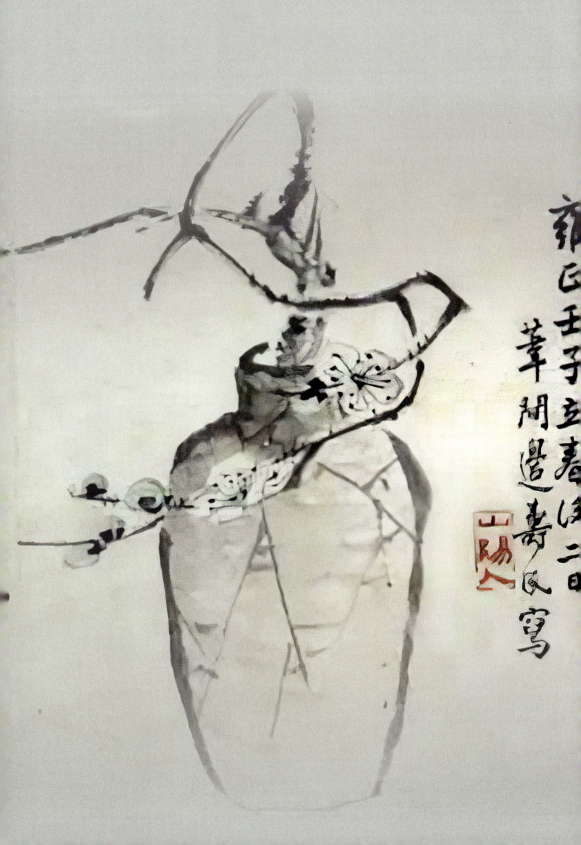

第一章 中国传统插花艺术简述及其由来

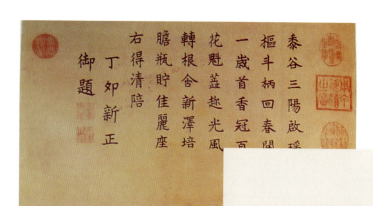

第一节 中国传统插花艺术简述

一、中国传统插花艺术的概念

中国传统插花艺术即指我国古代先民创造的一种插花表现形式，起始于西周和春秋战国以迄于今，代代相传，绵延不断，形成了有特色、有影响力、有广泛群众基础的古代插花艺术，这些特点完全符合"传统"的词义，故而称为中国传统插花艺术。

二、中国传统插花艺术的由来

众所周知："花"（观赏植物的统称）是大自然的造化，具有天生丽质的美，而爱美是人之天性，所以"花"成为人类爱美、爱美好一切的代言词与共识。

由于受天人合一哲学观、自然观的影响，又在长久的农耕文化熏陶下，培养了中华民族敬畏大自然、热爱大自然和珍爱大自然中花草树木的习俗与情怀，花草树木成为先民生产与生活中无间的伴侣，最经常遇到的审美对象。又受原始宗教（尤巫术）影响，认为"天人一体""人花通灵"，故而最早以花祭天、祭祖，崇天拜地，祈求风调雨顺，感恩祖辈的佑护。

后在生产和生活中，逐渐发现了大自然中更多的美，花中更多的美，更加喜爱它们并希望以它们代言、传情、比美、比德，便创造了一种以众花之美聚集的简单的原始插花表现形式，进而由最初的插花祭祀走向借插花传情、以插花尊礼、以插花仪容和比德的多种表现形式。自此奠定了以后中国传统插花代代相传的理念与宗旨，经历了实用→娱乐→传情抒怀→精神境界的寄托与提升的发展过程。

第二节　中国传统插花艺术的发展简史

如前所述，中国传统插花始于公元前11—前3世纪的西周、春秋战国，历经各朝代的传承至今已有3000年的文化积淀，以其独特的理念和宗旨成为东方插花艺术的起源国和代表国。在此过程中虽历经兴衰，但在中国美学精神和中国艺术主张的指导下，在与其他姐妹艺术学习、交流、融合下，在改革开放国策引领下，中国传统插花不仅重获复苏、壮大发展，又于2008年6月进入国家级非物质文化遗产项目，表明了其强劲的生命力和艺术感染力，以此确定了其文化地位，开启了中国传统插花艺术传承发展的新高峰，为创造当代中国现代插花与中国现代花艺打下坚实的基础，明确了新的历史使命。

梳理中国传统插花的诞生与发展，初步归纳如下8个历史时期：

一、萌芽期——西周至春秋战国时期（前11世纪—前3世纪）

1. 主要社会面貌与特点

随着王室的衰弱，礼乐制度崩溃，伦理瓦解，社会发生巨变，诸侯蜂起称雄争霸，促进新兴文人雅士阶层思想活跃，百姓虽遭苦难，但在长久农耕文化浸润下，折枝花（即切花）广泛应用在社会活动和人们生活中，首创了非容器原始插花形式，即手绑的花束，佩戴的襟花、头花，编扎的花串，编织的花衣、花旗和搭建的花舟和花屋，用以敬神祭祖；传情示爱，结谊；修饰仪容；敬献致敬，美化环境。这在古籍、文献和考古文物中多有记载。

2. 主要表现形式（广义插花的表现形式）

（1）以花传情示爱

在当时社会中，男女相处已出现馈赠鲜花花束（花枝）传递爱意的礼仪交往方式，如《诗经·郑风·溱洧篇》："……维士与女，伊其相谑，赠之以勺药……"此歌谣记载于上

《湘夫人》花束

《东皇太一》祭神

巳节(农历三月的第一个巳日)，进行祭祖、沐浴与踏青的活动，当时郑国的男女青年在祭神后到河边踏青游嬉，临别时采集芍药花相赠以传递情意。原产我国的芍药花，可视为我国最早的"情人花"。又如《诗经·陈国之风·东门之枌》记："东门之枌①，宛丘之栩。子仲之子，婆娑其下。穀旦于差，南方之原。不绩其麻，市也婆娑。穀旦于逝，越以鬷迈。视尔如荍②，贻我握椒。"诗歌记述了当时男女青年在东门的大榆树下歌舞欢乐，男青年夸赞女青年像锦葵花一样美丽，女青年携一束香草芳花回赠男青年的美好画面。

（2）以花祭祀

当时的花草树木已被视为是与神灵沟通最理想的媒介，是向神灵呈现的至高敬意。如《楚辞·九歌·东皇太一》记载祭神的仪式场面：

"吉日兮辰良，　　　　　　扬枹兮拊鼓，
穆将愉兮上皇；　　　　　　疏缓节兮安歌；
抚长剑兮玉珥，　　　　　　陈竽瑟兮浩倡；
璆锵鸣兮琳琅；　　　　　　灵偃蹇兮姣服，
瑶席兮玉瑱，　　　　　　　芳菲菲兮满堂；
盍将把兮琼芳；　　　　　　五音纷兮繁会，
蕙肴蒸兮兰藉，　　　　　　君欣欣兮乐康。"
奠桂酒兮椒浆；

---

①枌：榆树古称，学名：*Ulmus pumila*；②荍：锦葵花，学名：*Hibiscus acetosella*。

东皇太一是远古最尊贵的天神。玉瑱指压席的玉器，人们身着盛装，敲锣打鼓，采择芬芳的琼花（琼指美玉，琼芳形容花色鲜美如玉的鲜花）。

琼花是忍冬科荚蒾属植物，花期4、5月。有待确定在此是否用琼芳指琼花、美果摆满祭堂以祝福东皇太一安康。

《楚辞·九歌·礼魂》："成礼兮会鼓，传芭①兮代舞，姱女倡兮容与。春兰兮秋菊，长无绝兮终古。"此为完成了祭神典礼，打鼓齐鸣，少男少女手持花束，载歌载舞敬送神灵，春天供兰草，秋天供菊花，长此以往不断绝，直到终古，以表达人们敬神事祖的虔诚之心。

（3）以花进献

献花也是当时人际交往中的一种尊重礼敬的象征，友爱、示好的表现。汉代刘向《说苑·奉使》中记载战国时"越使献梅"的故事：越国使臣诸发出使梁国，觐见梁王时，手持一枝梅花作为见面礼，梁王之臣讥笑其有轻慢之意，不与觐见，后经诸发言明在越国赠送梅花是传递友情极贵重之礼品，梁王便欣然受礼，从此以花结谊便成为传世佳话。

（4）以花饰体

《楚辞·九歌·山鬼》

若有人兮山之阿，

被薜荔②兮带女萝③。

既含睇兮又宜笑，

子慕予兮善窈窕。

乘赤豹兮从文狸，

《礼魂》 以花祭神　　　　　　　　《山鬼》 以花饰体

①芭：指芭蕉［芭通"葩"，一种香草，花］；②薜荔：一种桑科的藤蔓植物；③女萝：一种地衣类植物。

> 辛夷①车兮结桂旗。
> 被石兰②兮带杜衡③，
> 折芳馨兮遗所思。

此诗歌描写掌管山的神仙出行时身上披着芳花香草，乘坐着桂花枝做旗的紫玉兰木车，手里执着花束，想拿去送给心上人。山神身披的花衣，不正是当今流行的人体花饰的原始雏形吗？

（5）佩花示德

《离骚》记："扈④江离⑤与辟芷⑥兮，纫秋兰以为佩。"

诗歌描写诗人屈原将芳香的川芎、白芷披挂身上，将泽兰编成的花索佩戴腰间。芳香的花草不仅扮靓自己的仪表，而且还映衬了自己高尚的情怀与高洁志趣。

屈原的《楚辞》中还记述了为迎接水神的湘夫人、湘君，用各种芳花香草、佳卉良木盖造花屋、花舟和花车的诗词，极具浪漫与梦幻的色彩和情调，描绘了许多幻彩缤纷的艺术世界，深受后人的称赞。《诗经》《楚辞》不仅是中国文学的开端，也是中国花文化的开篇与咏花诗词的源头，对中国古代文学艺术产生巨大影响，而且后人深感这两本巨著亦是中国传统插花艺术萌生的摇篮，为构造中国传统插花丰富的文化内涵和人文精神奠定了坚实根基。

上述原始的非容器插花形式，虽然无章法、无技巧，但具很强的实用性和浪漫情趣，充分展现先民们对大自然对花草树木的深情厚爱和审美意识的提高，同时也证实了在汉代印度佛教供花传入我国之前，先民们已创造了近现代礼仪插花中的原始雏形并广泛进入生活，有了文化的内涵。表现了中华民族寄情于花、移情于花的情怀及先民们识花、赏花的创造力，怎不令我们自信和自豪。

二、初始发展期——秦汉、魏晋、南北朝时期（前221—公元589年）

1.主要社会面貌和特点

秦汉时期由于建立了统一的中央集权制封建体制，国家财力、人力高度集中，促进了经济发展，推动艺术的繁荣，在雕塑、建筑、绘画艺术方面都有卓越成就（长城、兵马俑等）。魏晋南北朝是一个混乱与融合时代，但也是文学艺术进入自觉发展的时代，在插花方面颇具特色，是中国传统插花初级发展阶段，也是其形成的关键时期。一方面，人们对花的应用和欣赏有更高的要求。不仅满足于非容器的折枝花绑扎、编织的应用，而希望将自然中生长的花草树木能引入居室，盛放在器皿中，常伴身边、融入生活。故而产生了原始容器插花的意念。另一方面，受魏晋南北朝时期印度佛教兴盛发展，尤佛教经文和插花广泛传播的影响，佛前供花与我国民间的容器插花结合相互促进，进一步确立了容器水养插花的形式，插花的

---

① 辛夷：木兰科的紫玉兰；②石兰：水龙骨科的蕨类植物；③杜衡：马兜铃科的一种草药；④扈：披挂；⑤江离：伞形科川芎；⑥芷：白芷；秋兰：菊科的泽兰。

造型亦有初步艺术化的构图、布置，如此飞跃式的进步，对我国后世传统插花的形成与逐步完善起到积极影响。

2.主要表现形式

（1）由非容器插花的简单应用走向容器插花的转型，创造了东方式容器插花形式的先河，确立了容器水养插花的典型概念

在汉代已有花树绿釉陶盆的出现，此陶盆象征大地，中央的花树一株，栖息几只小鸟，水池中鱼、鸭游嬉，池畔上小动物漫步，一幅悠然祥和的画面，宛如一件精致的写景插花，表明汉代已有盆内作景观念的形成，为以后我国盆花、盆景和容器插花的形成奠定了观念上的思想基础。

1952年考古发现，在河北望都的东汉（25—220）墓道壁画上绘有一方形几架，其上摆放着陶质圆盘插花的图像，6枝小红花等长等距离地插成一排，花材、容器、几架三位一体构成颇为完整的中国传统插花造型雏形。其构图对称、均衡，符合汉代讲究四方八位的艺术风格。

1982年在青海平安县东汉墓考古出土了一件画像砖，上面刻对称式瓶花，又一次证实比公元477年传入我国的佛经中记载《南史·晋安王子懋传》中描述的容器水养插花为我国最早的

汉早期 花树绿釉陶盆

东汉 河北望都墓道壁画 6枝小红花

青海平安县东汉墓画像砖

龙门石窟皇甫公窟莲花瓶花雕刻

《金盘衬红琼》仿作

记载要早半个多世纪。

洛阳龙门石窟是我国著名三大石窟之一，调查发现在造于北魏孝昌三年（527）的皇甫公窟里有一大型的瓶插莲花的石刻图像，瓶内插9枝莲花，亦呈对称直立式构图，表明此时期中国传统插花不仅已有严谨的构图，而且已有花材、容器、几架俱全的完备的插花作品。

从上述容器插花的历史遗存中，表现出该时期中国传统插花已有明显的人文艺术加工痕迹，构图对称严谨，造型古朴优美，初步奠定了中国传统插花造型艺术形式美的审美观念。

（2）文人插花崭露头角

魏晋南北朝是战乱不断、政局动荡的年代，文人雅士们难以成就政治理想，为寻求精神寄托，纷纷皈依宗教或隐居山野，以自然为友，撷芳采翠，吟诗作画，插花开创了我国文人插花形式的先例。

杏花诗

南北朝·庾信

春色方盈野，

枝枝绽翠英。

依稀映村坞，

烂熳开山城。

好折待宾客，

金盘衬红琼[①]。

① 红琼：杏花的古称。

唐代彩花——新疆出土的人造绢花　民间插花

诗人借盘中盛开的杏花抒发自己好客的盛情，表明文人的情怀已开始倾注到中国传统插花的领域。

（3）彩花（人造花）的产生

梁·鲍泉《咏剪彩花》："花生剪刀里，从来讶逼真。风动虽难落，蜂飞欲向人。不知今日后，谁能逆作春。"人工用剪刀剪出来的花称为彩花，其逼真得令人惊讶，风虽难以吹落，蜜蜂却误认为是真花要向人飞来，不知今日有了彩花以后，谁能在不是春天的时候，创造出春天的景色来。

此后彩花已形成产业，家庭以剪彩花为业，岁时插彩花成为风俗，尤宫廷为盛。宋·高承《事物纪原·岁时风俗·彩花》记："晋惠帝令宫人插五色通草花"。

彩花业的盛兴推动了我国人造花的生产，至今仍成为我国主要的出口特产，深受世人喜爱。

三、兴盛期——隋唐五代时期 (581—960)

1.社会面貌和特点

隋唐时期，由于政局稳定，国泰民安，经济繁荣，文化艺术成就辉煌，为插花艺术的兴旺发展，创造了良好的机遇。虽说五代十国兵荒马乱，民生疾苦，但文人隐居山野，以诗、画、花为吾，开辟了插花新径。插花已成为一门艺术学科，不同阶层的人群皆以插花为乐，形成四大人群插花类别；插花具备一定的程式，容器种类繁多，花材构图与固定技法以及水养、品赏都有一定程式和要求；插花著作最早问世；插花东进传入日本。

2.主要表现形式

（1）四大人群插花类型的出现

古代先民插花仅为休闲娱乐，表达内心世界，不同阶层人有不同的内心体验与感悟，故而有不同的插花表现形式和情趣。

民间插花：为我国传统插花发展的源头，从春秋战国起始，绵延传承至今，最早用于祭祀、传情、配饰，随着社会的进步，经济的发达，民间插花不仅广泛进入生活，融入文化，成为节庆日和重大的寿宴、婚庆、开业活动必不可少的内容，并形成喜庆热闹、纯真、朴实、用材广、寓意吉祥的风格和特点。

宫廷插花：主要指皇宫及官府、豪宅中的插花，最早在战国时楚国宫廷已有插花祭祀的场面。西汉时插花活动已在宫廷中流行（汉宫春色）。大唐盛世的宫廷插花可称为我国古今最为考究、华贵、排场非凡的插花形式。造型丰满、硕大；色彩华丽，装饰味浓厚为其主要风格，显示富有、权势、威严为主要特点。

寺庙插花：主要指道教和佛教的插花。道教是我国本土宗教，起源于东汉末年，以"道"为最高信仰，以崇尚自然、天人合一为教义，对中国插花艺术的形成和发展具重要指导意义，崇尚自然、师法自然、宛若天成至今仍成为中国传统插花的指导思想。

佛事活动在此时期已很繁盛，佛教仪式、佛前供花以及僧人禅房插花已成常态。佛教供花以花朵硕大、姿态端庄、色彩饱满、构图对称为主要特点，以表现佛教净土极乐世界的圆满境

罗汉（前蜀·贯休）　　六尊者像之一（唐·卢楞迦）

壁画——佛教瓶花荷花（唐）　　壁画——佛教瓶花（唐）

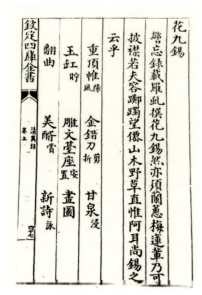

唐 罗虬 《花九锡》原文

界。而禅房插花要求花量少，色彩淡雅，以表达空寂、绝尘、纯净、慈悲、无我的境界。

文人插花：文人雅士积极参与插花，为开拓、传播中国传统插花做出巨大贡献，他们通过文字、诗、画和雕塑等与插花相结合，形成了文化内涵丰富、具有诗情画意的中国传统插花，其独树一帜的特色流传至今。

文人插花以借花抒怀、传情为主旨，讲究情趣与个性。造型简洁明快，花材格调高雅，寓意深邃，容器亦古朴，以瓶器为主。作品常具有较高的哲理性和艺术性，成为中国传统插花的代表之作。

（2）插花著作首次问世

"多事佳人，假盘盂而作地，疏绮绣以为春。丛林具秀，百卉争新。一本一枝，叶陶甄之妙致；片花片蕊，得造化之穷神……"（详文见唐·欧阳詹著《欧阳行周文集·春盘赋》）。春盘是当时贺春、荐新供奉活动之一，以春天开花的花草树木或辛辣的果蔬插于盘中为之。时传有多种版本，欧阳詹所著《春盘赋》是以剪取彩花（人造花）为母亲贺春而做的，从全文中可知此时期的盆花制作已相当完备，追求自然美，关注构思和造型，注意容器、花材、线条、色彩等之间的融合协调，注意意境和神韵的表现，堪称我国最早的经典写景花著作，对后世中国传统插花承袭中国艺术思想有很大的启发。也是传统插花造型由对称式走向不对称式过渡的划时代著作。

"警忘录载罗虬撰花九锡[①]。然亦须兰蕙梅莲辈，乃可披襟。若芙蓉踯躅望仙山木野

---

① "锡"—赏赐；"九锡"—原是古代帝王礼遇有功臣子的九大项礼物，罗虬借此九件赏赐寓意宫廷插花中的九项必备条件、要求和严格的规矩，也体现其至高无上的荣耀和尊崇，庄严的仪式感，开创了"花画合一"、酒赏、诗赏、曲赏等多层次高雅的审美情趣。

草，直惟阿耳，尚锡之云乎。"(《花九锡》唐·罗虬著，载于宋·陶毂《清异录·花谱》)。

　　　　一、重顶帷（障风）；

　　　　二、金剪刀（剪折）；

　　　　三、甘泉（浸）；

　　　　四、玉缸（贮）；

　　　　五、雕文台座（安置）；

　　　　六、画图；

　　　　七、翻曲；

　　　　八、美醑（赏）；

　　　　九、新诗（咏）。

（3）发明了中外插花史上最早的花材固定的专用器具——占景盘

占景盘为五代后周人郭江州所发明，宋·陶谷《清异录·器物》："郭江州有巧思，多创物，见遗占景盘，铜为之，花唇平底，深四寸许，底上出细筒殆数十。每用时，满添清水，择繁花插筒中，可留十馀日不衰。"

占景盘的发明解决了花材在盘中难以直立、不便造型的困难，这是我国出现的最早的花材固定器，比1633年罗马出版的《花材栽培与装饰》(Flora onerous Cultara di Tiori)一书中介绍的专为插花用的漏壶，以插花孔固定花枝要早半个多世纪至近千年，占景盘的发明对插花器具的改良有重要贡献，推动了插花应用形式的扩展。

（4）开创了大型专题插花展览会的先河

唐代盛世，举国上下爱花、赏花、头上簪花和斗花风气十分兴盛，踏春寻芳、游春赏花成为生活中重要的一部分，韦庄《长安春》记"长安二月多香尘，六街车马声辚辚。家

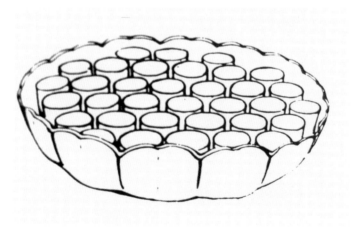

占景盘

漏壶图

敦煌103窟《都督夫人礼佛图》,头戴花,手捧花束

家楼上如花人,千枝万枝红艳新。帘间笑语自相问,何人占得长安春",正是当时游春赏花的写照。

到了南唐后主李煜(937—978)时期,插花赏花活动演变得更为盛大而隆重,宋·陶谷《清异录卷上·百花门》记:"李后主每春盛时,梁栋、窗壁、柱栱①、阶砌并作隔筒②,密插杂花,榜曰'锦洞天'"。

《簪花仕女图》(唐·周昉)

①栱:斗栱;砌:门槛;②隔:指竹节中的横膈;隔筒:即指膈腔盛水插花的竹筒。

史书记载，李煜治国无能但却是位酷爱艺术的皇帝，尤喜插花，每春百花盛开之际，他都举办插花展览。把房屋的各个部位都安装上隔筒，插上花草奇树，顿时令满屋花团锦簇，满目芳菲，焕然一新，别有洞天，命题为"锦洞天"。由此可见插花的布置已有相当大的规模，相当高的展示水平和效果，可谓开创了我国专题插花展览会的先河，对后世插花、赏花文化的发展起到积极深远的影响。

（5）中国传统插花传入日本

我国隋唐时代正值中日文化交流频繁时期，日本天皇多次派遣使者到我国长安、洛阳等地学习考察中国文化艺术，其中我国的赏花习俗和佛前供花等传入日本，自此后中国的花文化和传统插花对日本传统插花艺术的形成与发展都产生很大影响。

四、鼎盛期——宋代(690—1279)

1.社会面貌和特点

至宋代平定了五代的战乱，建立了统一的大宋帝国，实行中央集权，重视发展海外贸易，促进文化艺术的繁荣，尤其绘画艺术发展成就辉煌，成为美术史上的黄金时代，也极大地推动插花艺术的普及，插花艺术已成为官府的专司之业，花材生产成为商业进入市坊。受"文人四艺"（琴、棋、书、画）之影响，在有文化修养的人群中又产生了"生活四艺"（插花、挂画、点茶、焚香）。插花容器得到创新与改良，花材保鲜取得突出成就。

2.主要表现

（1）插花之风举国盛行普及各行各业

宫廷、官府、寺庙、道观、酒楼、茶馆、游船、民宅等随处可见插花作品的陈设。

《听琴图》（北宋·赵佶）　《文会图》（北宋·赵佶）

如：北宋宋徽宗赵佶《听琴图》《文会图》反映了皇帝与文人士大夫们聚会宴饮、闲情娱乐时的插花应用。

（2）"生活四艺"已成为宋代有文化修养人群必备的基本生活素养

在宋代插花艺术得到普及发展，已经成为人们生活中不可缺少的内容，在"文人四艺"琴、棋、书、画之外，又产生了"生活四艺"——插花、挂画、点茶、焚香。插花列于首位，是"生活四艺"中最生动、最引人入胜的艺术形式，受到了有文化修养人群的推崇，并成为必须掌握的四项基本生活素养。

(3)"万花会"盛行

洛阳牡丹万花会：宋·张邦基《墨庄漫录》记："西京牡丹闻于天下，花盛时，太守作万花会，宴集之所，以花作屏帐，至于梁栋柱拱，悉以竹筒贮水，簪花钉挂，举目皆花也。"此可谓最早的大型牡丹专题插花展，至今在洛阳年年传承。

扬州芍药万花会：《东坡志林》载："扬州芍药，为天下冠，蔡繁卿（蔡京）为守，始作万花会，用花十余万朵。"后因"既残诸园，又吏因缘为奸，民大病之。"苏轼为守时乃罢之。

南宋·吴自牧《梁梦录·卷十六茶肆》载："汴京熟食店，张挂名画。所以勾引观者，留连食客，今杭城茶肆亦如之，挂四时名画，装点店面"。

以上种种反映了宋代朝野上下、家家户户一年四季插花、赏花的普及程度与真实写照，成为中国插花史上的典范。

《生活四艺》（明·仇英，仿宋人《羲之写照》）

(4) 插花成为官府专司之业

南宋·耐得翁《都城纪胜·四司六局》记："排办局,专掌挂画、插花、扫洒、打渲、拭抹、供过之事。凡四司六局人祗应惯熟,便省宾主一半力,故常谚曰:烧香点茶,挂画插花,四般闲事,不许戾家。若其失忘支节,皆是祗应等人不学之过。"

据文献记述,当时宋代社会已很注重个人才能,士夫学者、商贾工匠皆讲究专精其业,凡非当行,不谙其道者多遭人轻视,被称为"戾家"。此文说明在当时插花一事已有专司其职的四司六局中的"排办局"负责打理,并在社会活动与生活中成为良好的习俗,是富有艺术修养的生活方式。

(5) 插花容器的改良与创造

宋代插花的广泛普及与陶瓷业的发展,带动了插花容器改良与创新,陆续发明了六孔花瓶、三十一孔花盆、十九孔花插、五管洗和六管器与托盘等,为插花的造型、花材固定提供极大方便,促进了插花技艺的提升。

(6) 花材保鲜成就辉煌

插花的盛行更加推动花材保鲜、延长观赏期与效果的探讨。宋代在此方面做出很多贡献,堪称我国插花史上花材保鲜研究成果最突出、最有建树的时期。其中不少物理学的保鲜技术,至今仍有现实指导和实用价值。

苏轼在《格物粗谈》中述:"荷花以乱发缠折处,泥封其窍,先入瓶底,后灌水,不令

六孔花瓶

七口瓶

三十一孔花盆

十九孔花插

六管器与托盘

五管洗

灼烧法　　　　　　　浸烫法　　　　　　　锤裂法

入窍，则多存数日。"

南宋·林洪《山家清供》记："插牡丹、芍药及蜀葵、萱草之类，皆当烧枝则尽开。"

南宋·周密《癸辛杂识》："这梅花（枝）插盐水中，花开酷有肥态。"

（7）**插花理性意念的提倡**

受宋代理学及文人画，尤空前发展的山水画、花鸟画的影响，此时期的插花更加追求理性化，特别表现在文人插花中，注重花品、花德，倾向于内涵的深化表达。讲究"清""疏"的自然风格。在形式上、内涵上、花材选用上都有更深入的理性思索，注重倾注作者的人生感悟和品德节操，富有教化意义，流传当今的"四君子"和"岁寒三友"的插花形式的画作即是由南宋文人画倡导以画抒情、寄兴、状物、言志的经典之作，此理念和理论对中国传统插花具丰富文化内涵和人文精神特点的形成有划时代意义。

五、低谷期——元代 (1271—1368)

1.主要社会面貌与特点

元代为首个少数民族统治中原的政权，勇猛善战的成吉思汗率众子弟的连年征战，征服了亚欧大陆，建立了蒙古大帝国，但由于民族矛盾和阶级矛盾的兴起，政局动荡，文化艺术衰退，社会走向下坡。

又因实行不正当歧视政策，大多数汉族文人处于失意境地，被列入"八娼""九儒"和"十丐"之中，地位低下，饱受欺压，只能隐居山野，寄情书画与插花，自命清高。

由于整个文化艺术的衰退，插花发展陷入低谷，不是社会生活追捧的时尚，仅在宫廷和少数文人中流行，在异族统治下汉族文人为发泄不满，摆脱理教束缚，追求自由自在，彰显个性，在插花艺术中辟出新径，创新出不少表现个人心态的插花类型，以此遣兴，表

现淡泊名利，形成最早的自由花插花形式。受文人诗画的影响元代插花亦表现出承袭我国自古以来善用花文化寓意和谐意表现主题立意的形式，使作品富有思想内涵，意蕴悠长，耐人寻味的特点与风格。

2. 主要表现形式

宫廷插花：传袭宋代，富丽堂皇，如瓶插牡丹以显示权威富贵，标榜政绩显赫，天下太平之意。

文人插花：钱选为宋末元初著名画家，擅画插花，其作品《吊篮式自由花》极具文人插花的特点，表现了作者的生活情志，淡泊名利、追求逍遥自在的个性。

另有作者不详的作品《福寿双全 平安连年》这一插花画作，表现出作者不流俗媚敌的民族气节与高尚品德和情操。

《太平春色》（元·张中）　《福寿双全 平安连年》

《吊篮式自由花》（元·钱选）

六、成熟期——明代至清中叶 (1368—1840)

1.主要社会面貌和特点

明清两代是中国社会由强变弱的一个转折期，尤清中叶以后日渐衰退。一方面，封建专制对于商业和手工业为主体的资本主义萌芽进行压制和打击，阻碍了社会生产力的发展，对思想意识的严格控制，束缚了文化艺术的创新。另一方面此时期也是中外文化艺术相互交融、相互影响的重要时期，西学渐进对中国传统文化艺术形成巨大冲击。但有冲击、有交融就有变革与发展，特别是江南地区资本主义萌芽受商贸经济的影响，科技进步的带动，文化艺术又趋繁荣，出现多文化发展变化格局，特别是花卉种植业快速发展，从而为插花艺术的发展提供了良好的机遇和丰富的物质资材。

中国传统插花在理论、技艺方面都显著出现长足的进步。理论专著不断问世，并创造一些新的主题和表现形式，丰富了插花内涵，创造了花材固定与造型的器具，为中国传统插花艺术的完善作出重要贡献。

2.主要表现

（1）多部理论专著问世

明·高濂《遵生八笺·燕闲清赏笺·瓶花三说》

高濂字深甫，号瑞南。浙江钱塘（今浙江杭州）人。明代戏曲作家，能诗文，兼通医理，擅养生。曾在北京为官，后隐居西湖。约生于嘉靖初年，创作活动主要在万历前期。著有《遵生八笺》，其中《瓶花三说》中"瓶花之宜""瓶花之忌"和"瓶花之法"对中国插花艺术的发展有创造性的贡献。

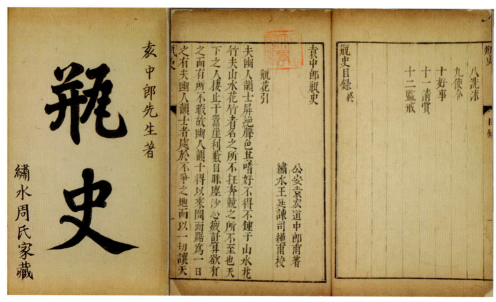

《瓶史》(明·袁宏道著)

明·张谦德《瓶花谱》

张谦德,昆山(江苏昆山)人。名丑,字青甫,别号亭亭山人。明代文学家。善鉴赏,知书画。自小聪颖,十八岁写《瓶花谱》。成书于万历二十四年(1596)。

《瓶花谱》一书分品瓶、品花、折枝、插贮、滋养、事宜、花忌、护瓶等8节。其中有一些内容与高濂《遵生八笺》相类似,但其论说精辟,可为后人鉴借之处颇多。足与《瓶史》齐名。如品瓶、花卉品赏、花材的删枝取势、花材保鲜等方面均有独到的见解。

明·袁宏道《瓶史》成书于1600年,是当时我国最完整、最系统的一本插花经典著作

袁宏道,字中郎,号石公,湖北公安人。为盛极一时的"公安体"文学的代表人物。主张"不拘格套""独抒性灵"。日夜与花为伍,斋名"瓶花斋"。著《瓶史》,为明代插花艺术集大成之经典著作。

《瓶史》成书于明万历二十八年(1600)。囊括插花的理论与技术于一炉。书分上、下卷,上卷基本取自高濂《瓶花三说》,而稍加增删。下卷则皆为袁宏道所创发。共分花目、品第、器具、择水、宜称、屏俗、花祟、洗沐、使令、好事、清赏、监戒等12节。《瓶史》包罗有关插花的方方面面,诚为当时我国最完整、最系统的一部插花经典专著。此书传到日本,争相转译,被奉为插花圣典,还以《瓶史》的艺术主张为宗旨,成立了"宏道流",至今仍活跃在日本插花艺坛上。上述专著均详载于《中国传统插花名著名品赏析》一书中。

(2)花材固定器与技法的发明

"撒"的发明

清·李渔发明,他在《闲情偶记·炉瓶节》中记:"插花于瓶,必令中窾,其枝梗之

有画意者随手插入,自然合宜,不则挪移布置之力不可少矣。有一种倔强花枝,不肯听人指使,我欲置左,彼偏向右,我欲使仰,彼偏好垂,须用一物制之。所谓撒也,以坚木为之,大小其形,勿拘一格,其中则或扁或方,或为三角,但须圆形其外,以便合瓶。此物多备数十,以俟相机取用。"其"撒"或为"楔",用木制作,用于瓶内固定花枝,简便,今日可传承代替花泥尚无令其降解的缺点,更具环保意义。

花插(剑山)雏形的发明

清·沈复发明,其著《浮生六记·闲情记趣》中记:"若盆碗盘洗,用漂青松香榆皮面和油,先熬以稻灰,收成胶,以铜片按钉向上,将膏火化,粘铜片于盘碗盆洗中。俟冷,将花用铁丝扎把,插于钉上,宜偏斜取势不可居中,更宜枝疏叶清,不可拥挤。然后加水,用碗沙少许掩铜片,使观者疑丛花生于碗底方妙。"此发明为今日花插的创造提供极有价值的参考和贡献意义。

花材整形、修剪技巧——"起把宜紧,瓶口宜清"之法则

沈复在其插花的实践中总结经验,详细介绍了瓶花插制的法则、花枝剪截与曲枝的方法,这些技法对当今传承中国传统插花具有现实指导意义,书中言:"瓶口取宽大,不取窄小,阔大者舒展,不拘自五七花至三四十花,必于瓶口中一丛努起,以不散漫、不挤扎、不靠瓶口为妙,所谓'起把宜紧也'。或亭亭玉立、或飞舞横斜。花取参差,间以花蕊,以免飞钹耍盘之物。叶取不乱、梗取不强。用针宜藏,针长宁断之。毋令针针露梗,所谓'瓶口宜清'。"遵照此法则极大地提高了作品的艺术品位和观赏价值,这一法则亦通用在其他容器的插制中。

花材修剪技法:"若以木本花果插瓶,剪裁之法(不能色色自觅,倩人攀折者每不合意),必先执在手中,横斜以观其势,反侧以取其态。相定之后,剪去杂枝,以疏瘦古怪为佳。再思其梗如何入瓶,或折或曲,插入瓶口,方免背叶侧花之患。若一枝到手,先拘定其梗之直插瓶中,势必枝乱梗强,花侧叶背,既难取态,更无韵致矣。"

折梗打曲之法:"锯其梗之半而嵌以砖石,则直者曲矣。如患梗倒,敲一二钉以管之。即枫叶竹枝,乱草荆棘,均堪入选花材修剪技法。"此详细实用的花材整形修剪技法仍对当下学习插制中国传统插花有现实指导意义。

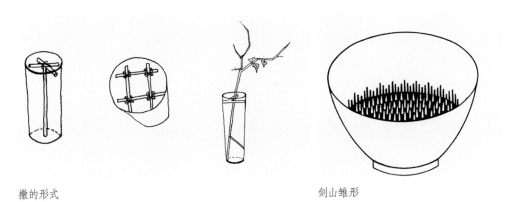

撒的形式　　　　　　　　　　　　　剑山雏形

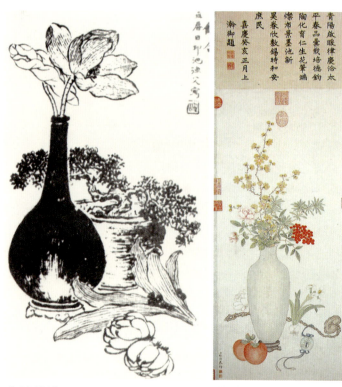

《百年好合》　　　　　　《事事如意》

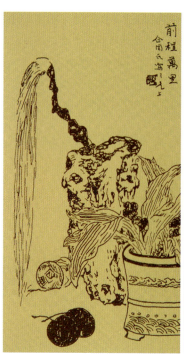

《前程万里》　　　　　　《聚瑞图》（郎世宁）

写景式插花（清·邹一桂）

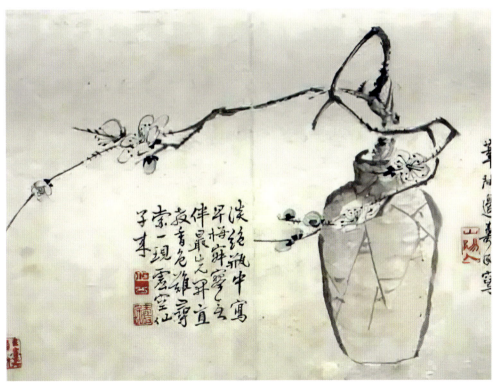

《早梅图》（清·边寿民）

 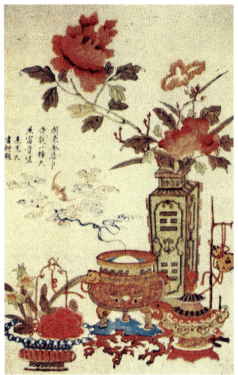

《瓶梅图》（清初·朱耷）　　《组合式厅堂插花》（清·丁亮先）

陈洪绶 《瓶花图》　　《组合式厅堂插花》（清·丁亮先）

（3）发展和形成多种新兴的插花表现形式

谐音式插花：即以中文名称中音同字不同的花材、容器与配件的名称组合一起，命名作品的插花表现形式，表达吉祥意义，常见的有"百年好合""事事如意""前程万里"。

写景式插花：即将大自然中优美的景色，用插花的造型和技巧浓缩于容器中，给人以"一石则太华千寻，一勺则江河万里"的艺术效果。

写意式插花：是表现人的情趣，抒发对社会、生活的内心认识与感悟为主题的一种插花形式。

组合式插花：此形式盛行于清代，将多件个体插花组合一起形成和谐的多体插花表现形式。呈现丰富多彩的内涵，增加装饰效果，深受大众喜爱。

七、衰微期——清中叶后至改革开放前 (1840—1978)

1.主要社会面貌和特点

进入清代中叶之后，外因列强入侵，我国沦陷为半封建半殖民地，内因国内战乱频发，国事衰微，民不聊生，中华人民共和国初建，百废待兴，花市萧条无暇顾及，导致传统插花沉入百余年的泥潭中几乎销声匿迹，仅在宫廷和少数文人学者中玩赏或研究。中华人民共和国成立前后，文人画家欣喜解放，创作不少以插花为主要题材的画作，很有新意，对以后中国传统插花的发展有诸多启发。

2.中华人民共和国成立前后少数文人画家的插画作品

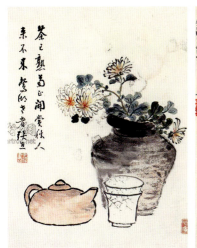
《赏秋图》（清·张熊）

《岁寒益友》
（清·张熊）

《岁朝清供》（清末民国初·马骀）

《大富贵亦寿考》
（齐白石）

《贵寿无量 岁朝清供》(晚清民国·吴昌硕)　　《岁朝清供》(晚清民国·吴昌硕)

《古彝花卉图》(近代·任颐)　　《玉堂富贵图》(清末·赵之谦)

八、复苏发展期——改革开放至今（1978年至今）

1.主要社会面貌和特点

乘改革开放的春风，沿着弘扬中国优秀传统文化的历史洪流，中国传统插花如枯木逢春般迅速发展起来，北京、上海、广州率先成立了民间的插花组织，1989年又成立了全国性的"中国插花花艺协会"，中国插花界第一次有了自己的"家"，地方上各个协会纷纷普及插花知识，开办培训班，举办各项插花活动，积极参加国内外的重要花事展览，中国传统插花呈现出百花齐放的繁荣景象。

2.主要表现

2002年9月，国家劳动和社会保障部公布了《插花员国家职业标准》，插花第一次成为国家正式承认的工种。

2008年6月，经北京插花艺术研究会申报，"传统插花"成为国家级非物质文化遗产项目，从此学习中国传统插花的热潮席卷全国。

大量插花专著和教材问世，不同地区的插花流派涌现。

在北京成立了中国插花博物馆，在浙江宁波成立了中国插花艺术馆，两馆的成立在中国插花历史中具有里程碑的意义。

中国传统插花历经3000年的文化积淀和传承，从一个侧面反映了各朝代的社会经济发展状况、文化精神面貌与国民的生活习俗，证实了"国兴花荣，国衰花败"的哲理，具有很强的历史感，给后人提供一个认识人类物质文明和精神文明的重要窗口；另则从中国传统插花发展历程中，充分显示了中华民族的智慧与审美创造力，为后世中国乃至世界插花艺术提供了丰富的理论与技巧，以及花文化的创造性总结和贡献。这些凝聚了我们民族的智慧和审美创造力，反映了我们的民族精神，也增强了我们国民的民族自豪感与民族自信心，充分显示了中国传统插花艺术是中华优秀传统文化的一部分。

国家级非物质文化遗产传统插花项目铭牌及插花花艺著作

第二章

中国传统插花艺术的核心特点

第一节　中国传统插花艺术的理念、宗旨与目的

一、中国传统插花理念含义

这是一个关于怎样认识、感悟和怎样表现应用中国传统插花的问题，其目的和精神所在的问题。三千年的插花积淀，由最初的简单实用，走向娱人，走向娱人教化，终为以花悟道的一个逐步摸索、认识、深化感悟的过程，由第一章中国传统插花的由来与发展历程中可知，这一过程大体经历了4个理念形成演变阶段。

1. 简单实用的理念阶段

在"天人一体，人花通灵"的观念上，采折枝花手绑、捆扎与编织的各种花束、襟花、头花、花衣等插花形式用以祭神、祭祖，成为祭祀的工具；以花比美，传情示爱；以花比德，示人格的崇高节操；以花结谊，示友爱的表现等，这是古代先民最早将聚众花之美的插花应用于生活习俗中，表达他们对大自然的崇敬，对大自然中花草树木的无比厚爱情怀。

2. 自娱、娱人的教化阶段（以花寓教的理念阶段）

因容器插花常伴身边走进生活中，使先民们更多感悟到插花不仅可自娱休闲玩乐，表达内心情怀、感悟，而且对社会和人生的认识，对美好生活的向往，在玩乐中有品德的修炼，给他人的启发和影响，充满了修身养性、怡情教化的作用。

古代四大人群插花的形成充分表明此时期插花理念的形成，不同阶层的人群都在插花玩乐中抒发不同的情趣，彼此间无争斗，无商业行为也无流派纷争，仅是各自表达内心世界而已，如唐代的《花九锡》，宋代的《生活四艺》，元代的《太平春色》《福寿双全　平安连年》，钱选的《吊篮式自由花》……每个人的作品都有自己的故事，表达自己的情怀志趣。

3.再现宇宙自然规律的理念阶段

受"天人合一"哲学观、自然观的思想影响，视中国传统插花为一整体的方位艺术，即要求各种要素的构成和安排均必须有规律、有秩序，共同组合成一个有机的宇宙生命，体现宇宙自然的生命与活力，故而重视花材的选用和表现。

4.以花悟道为其宗旨和目的的终极理念

中国传统插花是中国艺术的一部分，中国美学精神和艺术主流视艺术为人的品格的外在呈现，是心性修养的灵圃，是人格完善的工具。中国各艺术门类均以艺载道，实为载德之道，中国传统插花也自然应遵循之，以花载道，即通过花材文化与造型传情，抒怀和言志为主要目的和精神。

其理念的形成表明中国传统插花不是单纯的造型艺术，实为中华民族文化精神的表现，是人心灵境界的追求和体现，而不是独立人的精神之外的形式和技术性，它是以单纯执着地赞美自然的美和花的美，逐步上升至赞美表达自然和花之内在气质与神韵之美，生命活力之美，更深化升华至人格象征和道德风骨的精神之美和崇高的文化象征意义与价值，中国传统插花是以表达情感、理想为主旨和目的的艺术，这才是中国传统插花本真的理念与本真之美。

二、中国传统插花理念形成的根基

1.受古典美学的影响

中国古典美学如"老子美学""孔子美学""易经美学"等都从不同美学范畴和不同美学命题方面对中国传统插花有直接或间接的重要指导意义。特别是"老子美学"的"道""气""象"理论、"无与有""虚与实"等学说都给中国传统插花在发展和创作上提供了方向性的重要启示和指导意义。创作中国传统插花要注重造型与花材内在气质和神韵的表现，要从中体现整个宇宙自然生生不息的活力。插花制作时要创造有情感有动势的造型；花材组合布局要有虚（无）实（有）的结合，创造虚空（留白）产生动势，才能真实地反映有生命的世界，体现"道"（气）是艺术生命的深蕴之道理。

"孔子美学"中关于"美"与"善"的统一，表现在艺术上，即为艺术形式与内容的统一思想。关于艺术在社会生活中的作用以及对自然美的欣赏等论点也给了我们很多启示与思考。

"易经美学"中关于"易"象的论述，（"易者，象也，象也者像也"），即关于"立象以尽意"和"观物取象"的思想，对中国传统插花创作的核心"重形尚意"以及如何观察和选取花材都有现实的指导意义。

2.受《诗经》《楚辞》诗集的影响

《诗经》是我国第一部诗歌总集，主要汇集了周初至春秋中叶时期流行于民间的歌谣

（风）、盛行于宫廷的乐歌及部分贵族文人作品（雅）、宗庙祭祀的史诗与乐歌（颂）。这些内容主要是反映北方各诸侯国的社会面貌，人们的生活习俗、思想感情，代表了这一时期的北方文化，也是黄河流域的文化特色。

《楚辞》是继《诗经》后我国第二部宏伟壮丽的新体诗歌集，主要反映的是战国时期南方楚地各诸侯国的社会、经济状况、政治变革的斗争和社会的现实矛盾，代表了南方尤其是长江流域的文化。以伟大的爱国诗人屈原作品为主，与后来的几位作家的诗词选辑而成。

在中国文化历史长河中，这两部诗集不仅成为中国文学的发端，开创了中国古典诗歌现实主义和浪漫主义的先河，同时也是中国花文化的开篇和咏花诗词的直接源头，更是中国传统插花艺术萌生的摇篮。如前所述，中国传统插花萌芽期的非容器插花形式的出现，就是源自这两部诗集中咏花诗的比兴手法、人格化的意象内涵，以及用插花形式表达以花传情结谊、借花抒怀明志的理念，它们也都是当今东方式礼仪插花表现形式的源头。特别是《楚辞》中，屈原首次大量地歌咏众多花草树木，并赋予这些花草树木以人的情致，使这些花草树木上升为人格化的象征，具有了多种多样的文化内涵与人文精神。屈原将许多花木交织在其作品中，借以抒发自己炽热赤诚的爱国之心以及对楚国政治黑暗腐败的忧愤之情，寄托了他高远的心志，暗示了其坚守高尚品德与崇高理想的决心。这正是屈原诗品与人品的统一。《楚辞》体现了中国古典美学的传统思想，是屈原为花木首先创造了光彩夺目的意象世界，为后来中国花文化之核心精神——以花喻人、以人喻花、人品花格相融相渗、寄情花木、怡情花木的民族风尚奠定了坚实的基础，成为中国传统插花借花文化寓意抒情、以花悟道的源头之一。

3.受古代文人积极参与和著书宣传之影响

早在北周时，诗人庾信就积极参与插花活动并撰写《杏花诗》宣传插花，后至宋、元、明、清时期，有更多的文人、士大夫不仅亲身参与插花实践，还绘插花画、谱写插花诗词、撰写插花著作，极大地推动了中国传统插花的成熟完善和发展。特别是明代就有多部插花专著问世，最为有名的是高濂的《瓶花三说》、张谦德的《瓶花谱》和袁宏道的《瓶史》。是他们在自身多年插花实践经验基础上，系统地总结了前代先民插花的经验，梳理、提炼上升至理论，形成了中国传统插花独特的理论体系、富有诗情画意的内涵以及精湛的技巧。至今仍为中国传统插花传承，为世界插花界人士所赞叹和借鉴。

4.古代先民特有的识花赏花心态的传承

先民们经历了长久的农耕生活的观察和体验，加上前述古典美学的影响，对自然的美、对自然中花木的美不仅产生了浓厚的情趣，更激发了他们的智慧与创作的灵感，形成了特殊的识花赏花心态，视花为友、待花为客、尊花为师。在他们心目中，花木不但是自然物而且还是审美的意象，赏花可怡情、观花能思德进而感悟人生，从花木中可以看到人的品德修养、精神境界，花木中凝聚着民族的精神与智慧。为此，先民们逐渐地创造了许多花木的意象，如牡丹是繁荣兴旺、美满幸福的象征、王者的风范，赏牡丹令人豪；梅花是自强不息精神的象征、高洁风骨的代表，赏梅令人高；菊花是顽强拼搏精神的象征、是劲节之士的化身，赏菊令人逸。如此对花木的审美观和审美情趣，实为先民们在以物比德、借物寓意抒怀传情的传统思想影响下，发挥了花木的美，将其自然属性的美与人格特点相契合，用人的感情世界观照花木世界，这具有较高的智慧与审美创造性。先民们通过插花不仅再现花材自然属性的美，而且也十分着重表现和欣赏花材的兴枯荣谢的生命力，更重视赏花后的感悟。透过插花造型与主题思想引发人文之美，获得心灵的愉悦与寄托，这又是多么雅致的审美情趣。先民们通过插花整体美的表现，感悟与抒发了先民对大自然的赞叹崇敬，对人类美好理想的追求。

第二节 中国传统插花艺术的指导思想

一、崇尚自然、师法自然、高于自然为其指导思想

这一指导思想的总源头出自老庄哲学与美学的宇宙观和认识论。老子论道中指出，道是原始混沌，分化为阴阳二气，由阴阳二气变通、汇合生出万物的，而不是上帝主宰的；道不是静止，而是处于永恒的运动中，才能构成宇宙万物的生命；道是"无"与"有"的统一（无是天地之始，有是万物之母）。老子言道是最高的真善美，美在道，美在自然。

庄子言："天地与我共生，万物与我为一"，指出人在世界之中，与万物共存共生。庄子认为道是客观存在的，是宇宙的本体，是最高、最绝对的美。他在《庄子外篇·知北游》中言："天地有大美而不言，四时有明法而不议，万物有成理而不说。"先贤的这些真实智慧的认识、感悟宇宙自然美的观念一直成为中国美学和艺术的传统精神。让后人明白了，为什么要崇敬自然、崇尚自然，因为宇宙自然生生不息的生机与活力，无声无息创造万物的力量，才有人类的生存与生活，正如马克思所言："人是自然界的一部分，其物质生活与精神生活都与自然密不可分。"所以"天人同一，天人相通，天人感应。"体现了自然与人的和谐相处的关系。老子的"人法地，地法天，天法道，道法自然"的哲学观，也是天人合一的含义与理论依据。人应当尊重自然，顺应自然，不违背自然规律的开发、应用自然，这就是崇尚自然，赞美自然无穷的造化，感悟到自然是一切美的源泉，自然是一切华夏美学艺术范本的道理。师法自然即是以自然和万物为师的道理，这也是为什么至今此道理仍成为我国的传统哲学思想，成为中国古典美学和艺术一系列独特理论的指导思想和观念。中国传统插花一直秉承和遵循中国美学和艺术的精神主旨，自然也将其成为创作的指导思想。

二、中国传统插花艺术对崇尚自然、师法自然、高于自然的指导思想的体现

崇尚自然、师法自然、高于自然的指导思想体现和贯穿在中国传统插花创作的全过

程。以表现和反映宇宙自然的本体生命和秩序为主旨；以与自然冥合无间，虽由人作，宛自天开，执着于自然美的再现和表现与欣赏为最高追求，体现人格精神为最高艺术境界。故而有以下遵循自然是一切美的源泉，自然是一切艺术的范本和美学指导原则。

1.珍视花材生命

无论选用任何花材的任何枝、芽、叶、花、果乃至枯木、枯藤都要表现出它们的精神状态，显示它们的变化与转回，生机与活力。因为它们是生命的象征、力量的表现，是体现整个宇宙自然生机的对象，而不仅仅是个体形象的呈现。古代先民的尊花为师、迎花为客、待花为友的传统爱花习俗即是这种指导思想的体现。

2.顺花材自然之势之趣，合自然之理的整形剪截花材

在了解花材生物学特性与生态习性的基础上，因材施教，力求保持花材自然形态之美而进行修剪，不可强行或刻意造作地改变其自然姿态，取自然资源而加工提炼展示其自然美，体现师法自然而高于自然之美，要以清代沈复的修剪法为指导，即"横斜以观其势，反侧以取其态。相定之后，剪去杂枝。"

3.创造富有生命的造型、动态的造型

这是中国传统插花构图造型的主要法则，是体现宇宙自然的本体、生命的规律。构图造型要有规律，有法则，有形式，有程式，但无程序化，不拘泥于形式，不规范化，因题因材造型。花材之间的组合不仅表现其自然之美、个体之美、外观造型之美，而且要着重表现造型中内在的气质和神韵，蕴含的生机之美。因此要使造型有层次感，有空间感，做到虚实结合、疏密有致、高低错落，如画苑布置方妙，体现《易经》中阴阳美学的观点，阳刚阴柔各有其美。以无拘无束的形式技法表现无拘无束的心灵情趣。

4.一切技法不露人工痕迹，达到虽由人作、宛若天成的最高艺术追求

反映了中国美学崇尚自然的精神，体现老子的"大巧若拙"的观念，"拙"是自然的显现，是生命与活力的显现，自然天成是朴素的纯全之美。

第三节 中国传统插花的创作核心——重形尚意

一、重形尚意的含义与意义

1.形和意的概念

形：即形象、形式等。意：即意念、意志、意境、情趣等。

从艺术上讲，形即是艺术作品的形象、形式、造型，是作品的载体，是寄托物。意即艺术作品的主题内涵、内在的气质神韵和意境，是作品的本质和灵魂。从关系上讲，二者是不可分离的矛盾统一体，互存互依，形是表现作品的外在形式美，称之为外美；意即神，则是表达形式美中内在的精神之美，称内美。外美和内美的结合，共同构成艺术作品的整体美。下面对待形和意（神）的问题，是一种审美的问题。不同的民族和国家对此有不同的观点和习俗，西方的美学和艺术比较重视作品外在的形式美，注重对人的感官的刺激，如当下风行世界插花艺坛上的西方现代花艺即是。而中国美学和艺术比较重视作品的内美，注重作品表达的精神修炼，即含蓄的意境美。主张艺术作品在外美和内美和谐统一的前提下，更重视和强调表达内美，这即是中国美学和艺术的重形尚意的特色审美观。认为艺术作品仅有外美的形，而无内美的神，其作品是无灵魂，无生气的，脱离艺术思想内容，单纯的形式美，不具有单独的审美价值，似过眼云烟，仅入目而不入心。但艺术作品有神无形，神没有载体，没有寄托物，也就无法单独存在。所以，中国艺术历来主张以形传神、神形兼备，即重形尚意成为艺术创作的核心思想。

2.中国传统插花重形尚意的理念和意义

重形尚意在中国传统插花创作中是重中之重的原则。它直接关系到其以花悟道的目的和崇尚自然、师法自然指导精神的表达和实现，是能否体现中国艺术独特的优秀传统和文化形态的问题。遵循和传承这一优秀传统是必须的，不容忽视的，尤在当下国际文学艺术多样化浪潮中更是不能误传的。

中国传统插花属造型艺术门类，是三维的实体造型艺术，是依赖于视觉感受为主的视觉艺术，其可触性、可感性、真实性都很强，因此其作品的形式美至关重要。它是最直接、最敏感的第一审美观感，必须创造优美、生动的造型。才能抓住观者的眼球，引发观者审美活动的快感和继续，重视创造插花的造型美是重形的必然要求。但中国传统插花又不纯属简单的普通造型艺术，它的造型要承担着表达以花传情、借花抒怀和悟道载道宗旨，承担着表达造型中的意境美的展现，所以必须重视创造造型中的内美，有尚意的造型方能令观者既赏心悦目又畅神达意的美感享受，成为入目入心的佳作，这是经典永传承的道理。

二、重形尚意在中国传统插花中的创造和体现

1.重形——创造艺术的形式美，创造优美、生动的中国传统插花造型

（1）首先要创造符合中国艺术精神和主张的造型

其表现充盈、灵动的生命状态，表现活泼、生动的精神面貌，创造出富有生命之型、动态之型和有情之型首要创造符合中国艺术精神和主张的造型。

创造生命之型：如前节所言，要表现出每枝花材符合其自然生长的优美的姿态，习性和活力；花材之间和谐相处的关系、因时因地因材的选用花材是创造生命之造型的首要条件。如牡丹和梅花是典型的温带植物，也是我国最富文化内涵和人文精神的传统名花，也是各艺术门类经典的创作素材，但如果用在热带和亚热带的海南插花创作中，牡丹雍容华贵的姿态，梅花凌寒傲骨的气质、鲜活的生命力绝对表现不出来，因地区和习性不符而失去了生动活泼的精神面貌。若选用海南乡土的花材，如赫鸟蕉等花卉插花，其花材的生气与造型一定有活泼的生命感。如荷花是挺水的水生植物，其花朵自然挺出高于水面之上，若造型时让其浮在水面之上，就表现不出其亭亭玉立的精神状态，展示不出其充盈的生命力。

创造动态之型：动是宇宙自然真相，无时无刻生生不息的运动，是造化一切的所在，也是艺术生命的所在。插花艺术本是静态的表现，但造型中把握好空间的动态势能，也就是造型中的动态结构，是花材组合与造型中花材彼此间的高低、虚实、疏密、曲直、倾垂的姿态，通过呼应、避让、层次距离可造成互相的联系，形成一种动态趋势，呈现出互应互盼动态，表现出的不是静止的外观形象，而是充盈流动的生命活力。

创造有情之型：作者将自己的情感注入创造中，用饱含的热情、珍视的胸怀、诚挚的真情去观赏花材，表现花材，展现它们天生丽质的美，本质的生命力，唯此才能创造出有情趣有感染力的作品。

艺术即是美的创造和抒情的劳动，即是表达情感的形式。中国传统插花本质的美就是表形表情的，没有情趣，没有情感的作品是呆板的匠气之作，入目而不入心，无法感染人，所以作者首先要热爱自然、热爱生活。

艺术形式美中的情和意是来自生活，来自对自然与花材文化的观赏、认识和感悟的，

所以创造有情之形，作者首先有激情将自己的情感、感悟注入创作中。

（2）熟练掌握中国传统插花的四个基本构图形式

即直立式、倾斜式、水平式、下垂式，它们是造型的本源母型，今日所看到的千变万化的优美造型皆由它们的变形、组合而熟练掌握中国传统插花的四个基本构图形式来，所以四个基本型的学习是基础，也是基本功的所在。

（3）掌握和遵守造型艺术的四个法则

即多样与统一、对比与协调、动势与均衡、节奏与韵律。这是构图造型的原理，不是无目的、无规矩、随心所欲的，凭个人感觉而随意造型掌握和遵守造型艺术的四个法则的。把握好这些原则和法则是创造优美、生动造型的前提与保障。

2.尚意——创造艺术的内涵美、意境美

中国传统插花传承三千年，在世界插花艺坛中独树一帜，得到赞誉，就是因其造型中充满了丰富的文化内涵和浓厚的人文精神，件件作品都有故事，有情谊，对社会、人生有真实的、深切的感悟和体验。观之令人获得畅神达意的艺术享受，并能给人以抚慰、启迪、遐想和回味，有情有意，情景交融，这就是内涵美、意境美的创造，尚意的创作更是艺术感染力的源泉，入心的动力。要做到这一点必须：

熟悉和了解花材的形态、生态及文化的象征意义，借助这些花材文化创造它们的审美意象。客观物质与作者情感结合创造的艺术形象，选用花材，以取其形，求其意，悟其道为指导原则，不仅将它们自然属性的美展示出来，更要将其人文的精神象征性传达出来，体现人文精神、生命价值。如插荷花不仅表现其淡雅、亭亭玉立的自然美态，更要插出它高洁的气质、清廉不俗的品德；插兰花一定要把孔子赞美兰花"不以无人而不芳，不因清寒而萎瑣；气若兰兮长不改，心若兰兮终不移"的君子气节表现出来。这是创造内涵美、意境美的重中之重。

学习借鉴中国的诗词歌赋，尤咏花诗词以及相关文学艺术著作，扩大知识面，开阔视野，启迪灵感。

认真观察自然、观察花木、观察社会生活，真心感悟体验艺术源于自然、源于生活、发自内心的道理。

第四节 中国传统插花的品评标准

一、传承中国艺术品评标准的原则

遵循中国艺术重生命、重人品的精神与主张为艺术品评的指导和原则。品评标准包含两方面的内容，一是对艺术创作的品评，二是对艺术欣赏的品评。两者的品评都突出和强调对艺术作品内涵、神韵和气质的表现，对生命力的体现。这是中国艺术的优良传统，也是历朝历代诗、书、画都遵循的品评标准，并从中总结很多经验，提出许多丰富的理论，对后代为更明确、完善这一指导思想有深远影响和积极贡献，如南齐谢赫的绘画"六法论"中的气韵生动的命题，唐代张怀瓘的"神、骨、肉"的品评标准，以及朱景玄补充的"神、妙、逸、能"的四格标准，明代徐渭"重气韵，不拘成法""不求形似，求生韵"等理论，尽管对上述品评仍有不同的争论和解读，但总体上都表现出中国美学和艺术的精神和主张。尽管这些品评标准主要是针对诗、书、画，尤绘画的品评标准，但回顾历史，中国传统插花从诞生至兴盛甚至当代的再度蓬勃发展历程，都是根植于古代先民的生活中，孕育在中国博大精深的民族文化背景中，深受诗、书、画姐妹艺术的启发与影响，许多著名的诗人、画家早已参与传统插花的创作，留下不少宣传、赞颂插花的诗词和画作，成为国家珍贵的文化遗产。因此，中国传统插花自当借鉴、传承并结合自身特点制定其品评的标准。

二、中国传统插花的品评标准

受"天人合一"哲学观、自然观影响，受长久农耕文化观念的影响，培养了中华民族崇尚自然、珍爱自然、师法自然的审美思想，在生产和生活实践中，更深化地认识和感悟到自然宏大的美与无穷的创造力。特别受魏晋南北朝美学，欣赏自然美观念的影响，更体悟到自然是一切美的源泉，自然是一切艺术的范本的审美观念。这是智慧的发现和总结，由此"崇尚自然,师法自然,虽由人作,宛自天成"也成为中国美学、中国艺术的主要精神,也是艺术创作和艺术欣赏的品评标准,而广泛存在于各类文学艺术中。

中国传统插花遵循此精神,遵照艺术重生命、重人品的主张,提出以表现自然美、意境美、线条美和整体美为四美的品评标准。

1.自然美的表现

主要在构图造型上,无论是创作造型或品赏作品,首要是看其造型是否具有宛若天成、不露人工痕迹的自然形态的美,在不违背自然生长的花材插制基础上,插出每种枝、叶、芽的姿、容、质、色的天然样貌,即便加工成型,也要符其自然之势。花材组合造型要遵从构图法则,既有规矩和程式又不程式化,按照造型形式顺花材之势,插出每种形式的动态和情趣。

自然美的造型更重要的是插出一花一叶甚至枯藤、枯木的生机与活力,整体造型表现出生动活泼的生命力,充盈的精神状态,体现宇宙自然本体与生命以及律动的秩序,而不是模仿自然,刻意显现人工技巧。如苏轼的《枯木怪石图》,朱耷的《枯木鸟图》,就是这种精神的体现。从两幅作品中看出唯有作者与欣赏者具有广阔的审美心胸,极高的审美观照能力,无杂念,虚静心情,方感悟到自然的纯真的美。

朱耷的《枯木鸟图》

苏轼的《枯木怪石图》

自然美（王莲英）

自然美(明·作者不详,镂空花篮)

自然美(王莲英)

《精卫填海》(刘飞鸣)

《女娲补天》(张贵敏)

2.意境美的表现

园林美学家金学智言:"是否创造意境是中西美学主要区别之一。"由此可知意境的创造和表现在中国美学和艺术中的重要性,那么何为意境,其在中国传统插花中如何表现的,同样也是一个重中之重的问题。

(1)意境的内涵和意义

现代美学家宗白华先生在论意境中讲:"意"即意念、情意,属主观的、精神性的;"境"即景物、场景、境界,属客观的、物质性的。意境则是主观的情与客观的景相结合、交融与制约而产生的一种情调一种境界。当代中国美学家叶朗先生讲:"在阐述意境美的诞生中分析文人、学者记述这一问题上所总结的观点和道理:意境的创造就是超越了具体的、有限的形象,其依赖在'目击其物'基础上的主观情感(心)与审美客体(境)的

意境美——文人插花（清·石雪）　　意境美（王莲英）　　意境美（王莲英）

契合，从而引发艺术灵感和艺术想象。"

"意境的创造必须是作者触景生情，景含情，情有景，二者不可分离。意境是作者心灵创造的画面外的虚妄的景，也就是景外之景，所以意境的创造实质是作者心灵中构成的影像……""意境不是表现孤立的物景，而是表现虚实结合的'境'，也就是表现造化自然的气韵生动的图像，表现作为宇宙的本体和生命的道（气），也就是意境的美学本质。"

上述的言论对我们进一步理解、感悟意境在艺术创作和艺术欣赏中的重要地位和意义，对如何品评中国传统插花的意境美给了很大的启发与指导。

意境是用心去意会和感悟的，是不可言传的，是作者触境（景）生情所引发的情境的契合。没有优美生动的境（景）的触发，艺术灵感（创造）和艺术想象（欣赏）不能产生，也就不能有意境的产生，但是境的触发或感染，如果没有作者和欣赏者广阔的审美心胸与强有力的审美力，这境也是难以触发的，所以作者和欣赏者品德的修炼，审美观的提高都是很关键并与人格境界相关而不可分的。中国美学和艺术视意境是美的极致，是艺术作品的灵魂，也是中国艺术家最高的追求。

（2）意境在中国传统插花中的体现

重视艺术家的修养是中国美学和艺术的传统思想，孔子早在论兴观群怨的美感活动中就指出兴即使观赏者感动奋发；观即欣赏活动，是一种认识活动，是对社会生活、政治风俗情况的了解，看到作者的心态。宋代时也提出过艺术家（主要指画家）的修炼问题，美学家品性可概括为三项：必须有文化修养，有对艺术传统的研究和继承，有丰富的生活经验。并将此作为品评的标准。由此说明，作者和欣赏者的思想境界的高低决定了艺术作品审美价值的高低，因为艺术作品的形象是与作者和欣赏者的思想情感相契合的，只有情景的交融才能达到形神兼备的艺术境界。正如朱良志先生所讲："有一等的心灵就有一等的艺术。"俗语也讲："文如其人，画如其人，诗如其人。"当然插花也同样如其人，这也可以理解为，情境（景）的交融与契合才能有境（景）生情，情中含境（景），两者不可分才能产生意境的美。

传统插花意境的创造和欣赏首先表现在对花材自然属性和象征性的感悟和把控上，因为它们不仅是物质要素，更是表现出作品内在生命和意境的核心要素，只有认真细致了解与观察它们的形、姿、色、质的特点，四季不同的变化和表现，巧选妙用，很好地理解每种花材的文化内涵和人文精神，了解它们的故事、神话传说与习俗，才能正确地表达与体现其民族性。如菊花在我国历来都是具美好寓意的长寿之花，端人的象征，但在某些国家却视为不吉祥的恶魔之花、丧礼之花，所以花材的选用与造型不是简单和随意的，更不是为表现造型而选用，追求造型中内在神韵气质的表达，体现宇宙的本体生命的活力和体现人的精神境界才是创造和品赏意境本真的美。通过意境的创造真正能扩大和丰富创作的境域，丰富欣赏者更多的美感享受，不只局限于对造型美的欣赏，而是借助其造型感发赏者的情感，产生回味和遐想，感悟自然之美、人生之意义，真正体现中国艺术是创造意境美这一独特审美观的价值和意义。

3.线条美的表现

（1）线条美的含义和作用

中国艺术尤书画艺术极其重视线条的应用，视线条为动态生命的表现，清初著名画家石涛在其《画论》中言："一画者，众有之本，万象之根。"其意是讲一画是万物形象及绘画形象结构的最基本要素，最根本的法则。所以线条在中国艺术中具有关键的作用，称书法和绘画为线的艺术，在造型艺术中线条不仅可以勾勒形象、轮廓、边界，可以表现符号、方向和肌理，而且能表现丰富的情感、知觉与联想。直线条产生庄严、坚定的情感，水平线条产生舒展宁静的情感，斜线条可产生动荡活泼的情感，而弧线、波状线条极富运动感、节奏感。这些不同形态的线条与情感结合起到抒情作用，表现力极强，具丰富的艺术表现力。

（2）线条在中国传统插花中的表现

善用线条造型，尤其善用线状的木本花材是中国传统插花的特点之一，是造型的主要要素，是表现形式美的手段之一，尤如绘画中的笔。

木本线状花材在造型中构造骨架，组织和分隔空间、增加层次、均衡造型、烘托主题，表现季相

线条美——《瓶花图》（明·陈洪绶）

线条美——《记沉香》（谢晓荣）　　　　　　　　线条美——《望若仙》（王莲英）

变化等几方面都起到了重要作用。如借用不同质感的木本线状花枝表现刚柔的、阳刚质朴的生命力，及表现阴柔的、秀丽柔婉的内在气质和神韵；借用不同粗细的木本花枝表现不同的力感；以垂直线状花材营造直立式造型，以产生刚毅、尊严、庄重的气质，表现挺拔向上的阳刚之美；以拱形、曲线形的花材营造的倾斜式、下垂式造型尽显轻柔飘逸的、生动活泼的快感。还可借用线状花材组合造型的疏密、虚实、高低、强弱表现空间感。利用线状花材的重叠、穿插、藏露及长短的变化转折表现层次和节奏感。所以线状花材不仅是中国传统插花造型的主要要素和手段，也是表现自然美和意境美的主要要素，所以创造线条美、欣赏线条美是品评的主要标准之一。

我国多样的地形和气候滋养了丰富的线状花材，乔、灌、藤、草皆有，多姿多彩，为我国插花艺术的营造提供了得天独厚的物质素材与丰富的情感表现力，如何全面系统地调查、总结，进一步建立不同地域、不同气候带的木本线状花材生产基地，走进市场应是当务之急。

4. 整体美的表现

（1）整体美的含义及作用

显示艺术的整体生命，追求再现宇宙自然的普遍规律与秩序是中国艺术的重要审美标准。中国传统插花是一完整的方位艺术，视容器上方的空间为天道，可以自由地展现花枝和造型的自然美；视容器为地道，滋养花材，承载、支持花材与造型；并以花材、容器、

整体美（谢晓荣）

整体美——《天中佳景图》（作者不详）

整体美（谢晓荣）

几架和配饰共同创造作品整体的艺术形象，体现宇宙自然有序的圆满的本体生命和无限流动的活力。

（2）整体美在中国传统插花中的表现

要表现整体的艺术形象和生命，首先要明确作品中诸多要素的位置和作用，造型的形式是第一位的要素，直接表达自然美和意境美；容器是第二位的要素，可以强化烘托造型之美，是中国传统插花构图造型的一部分；几架形成整体作品的完整圆满性，还可起到平衡造型之用；配件亦可强化烘托主题，强化造型，但要根据创作的需求而配用。

表现整体美还需考虑整个作品的结构组成以及局部之间的关系：花材之间有主次之分、位置之分；花材与容器之间在容器的器型上、色彩上和质地上都要与花材和造型和谐一致，不可喧宾夺主；几架选用应符合造型需求，与之吻合得体，作品与环境之间也需协调一致。各局部之间的组合、布置以符合自然之理，表达自然之意，体现内涵和意境的需要，各就其位，各得其所，方能形成作品的整体之美和生命精神，如元代的《天中佳景图》，这是一件为欢度端午节而创作的节庆插花，为双体式传统插花作品。白瓷瓶内插端午节应时开放的石榴花和蜀葵花，配以菖蒲叶活跃造型，是为作品的主体；副体是彩色珐琅盘内盛粽子、石榴、海棠果；二者皆由雕文台座垫起，益显高雅而引人注目。花材造型、容器和几架三位一体，构成完整的传统插花形式。瓶盘侧方摆放艾草、菖蒲。中国自古有端午节门上悬挂艾草和菖蒲以驱邪逐疫的习俗。还悬挂香囊、中国结，散置荸荠、蒜头、樱桃、枣等果品，端午五瑞（菖蒲、艾、石榴花、蒜头、龙船花）俱全，营造出浓烈的端午节日气氛。背景上方是符咒和神道像，一股厚重的历史文化积淀和神秘的氛围，油然而生，使人产生丰富的联想和遐思。原画藏台北故宫博物院。

自然美、意境美、线条美、整体美的品评标准各有侧重，但彼此又不是孤立的，必须综合考虑为要。

综观以上所述，总结表现中国传统插花艺术的核心特点：

以花载道悟道，通过插花展示人格精神和心性的修炼，展现宇宙自然的本体和生命，体现人与自然的和谐之美为宗旨和目的；故而作品中具有丰富的文化内涵和浓厚的人文精神，是中华民族文化精神的表现，不是单纯的造型艺术和工艺美术。

以自然生态为范本，以再现与表现花的生机、体现宇宙的自然规律和秩序为根本思想和主张，故而执着于对自然美的表现和欣赏，视虽由人作、宛若天成为最高的艺术追求。

具独特的审美、识花、赏花心态和情趣，以花喻人，以人喻花，是中华民族花文化的核心精神，人品、花格相渗、相融，将花材自然属性与人品相契合，引发人文之美，认为赏花可怡情，观花能思德，故而寄情于花，移情于花，成为代代相传的民族习俗和传统思想，从传统插花中看到人格的修养，感悟到民族的智慧和创造力以及对生命的珍惜，这些独树一帜的核心特点是世界插花艺坛中绝无仅有的。

第三章 中国传统插花的创作方法与途径

中国传统插花的创作是表形和表情的艺术，是表现外在形式美和内在神韵气质美的和谐统一体，做到以形传神，神形兼备，达到重形尚意的创作核心要求。

中国传统插花的创作主要以构思立意、选材、构图造型、插制、养护管理五个步骤来完成，是连续思维的过程，是环环相扣的整体创作过程。作者必须对每一个步骤加以重视，方能创作出作品整体的艺术形象，才能引起欣赏者审美愉悦。

第一节　构思立意

一、构思立意的含义

构思立意是作者孕育作品过程中所进行的思维活动,包括对题材的选取提炼,并酝酿确定主题,考虑布局,探索表现如何选用资材形式等等,是连续的思维过程,即所谓的意在笔先,而不是无目的无方向的创作。

二、构思立意的方法和途径

对作品主题的确定通常有3种方法：

1.命题作品

即事先制定好命题,要求创作者完成这一命题的创作。指定命题常应用在大型的展览和花事活动中,如2019年北京世界园艺博览会中举办的世界插花花艺大赛,其中一个命题作品是《花好月圆》,每个选手必须以此主题进行创作,评分也以此主题的呈现为评分标准。

这类命题的特点是无须作者多想,只考虑围绕该命题思考如何表现、如何布局、选材、插制等等,其关键是作者如何理解命题,把控命题,不跑题、不走样,有特色地呈现这一主题思想,这是对作者或选手功底和造诣的很好考验。

2.自由命题作品

作者可自由选择命题进行创作,多用在艺术展和欣赏的展会、表演中,可充分发挥作者的创造力,作品表现丰富多彩。虽是自由命题,其主题思想也要明确、切题,造型也需符合构图法则与品评的标准,自由命题创作,更能体现作者或选手审美心胸和技巧的表现。

《花好月圆》(梁勤璋 张燕)

3.即兴创作

也称临场发挥的创作,事先无准备无考虑。如此确有一定难度,但也是一种挑战,作者可根据所在地的环境、场所、可用的资材进行思考创作。这类创作常是对有功底的大师们的要求,多以表演或现场示范形式出现。

野趣(王莲英)

娄尾春（梁勤璋）

第二节　构图造型

一、构图造型的含义和意义

构图造型是将作者构思好的意图内涵对构成要素进行组织布局安排的过程，处理好造型形式与三维空间的比例关系、花材的组合等。是作品形式美的直接表现，是构思立意的载体和构思形象化的过程和完美的体现。也是作者抒情的媒介，是造诣和风格的体现，所以构图造型是创作中非常重要的一环，常常直接影响作品的艺术效果，甚至是决定作品成败的关键。

二、构图造型在中国传统插花中的应用和表现

首先要很好地理解和把握构图造型在中国传统插花中的重要作用，中国传统插花的构图所创造的造型不是单纯的外在形式美的表现，如前所说，它承载了创作中各种要求，是形美、意美和情美的综合艺术表现。是作者的情感和审美追求的综合表现，既饱含对大自然、对人生的热爱和创作的激情，又有娴熟的技巧和艺术的才华，才能创造出富有感染力的作品，单纯的追求造型和技巧的表现，缺乏思想文化内涵，没有意境的表达，就不是中国的传统插花，更不符合中国艺术的精神和主张。

深刻理解命题，按照主题、立意、遵循构图章法和布局法则创造造型，否则造型再好，技法再熟练，而作品文不对题，也同样不是中国传统插花，不符合中国传统插花重形尚意的核心特点。

创作的造型必须表现前文所述"四美"的品评标准。这是鉴别是否是中国传统插花的主要区别。

三、中国传统插花的基本构图形式

世界插花艺术的造型形式丰富多彩、千变万化，但归纳起来，有两类基本构图形式：一类为规则的几何型形图形式，以表现宏伟、庄严、热情、欢快、大气为主要风格。自古以来多为西方式插花所运用；另一类为非几何形的自然式构图形式，亦称不对称式三大主枝构图形式，注重表现自然、自由、活泼为主要风格，多为东方式插花所应用。中国传统插花的构图早期也常有几何形对称式的表现，魏晋南北朝以来，随着审美观念的转变，更执着于自然美的表现插花造型逐渐以不对称的自然式构图为主，并形成定格形式。在中国传统插花中有如下4个基本构图形式：

1.直立式

以三大主枝（设A、B、C符号为代表）构成直立式的骨架，A枝需与容器垂直挺立向上，B、C两枝位于A枝两侧，但与A枝的夹角不超过30°，三枝共同构成直立式的骨架，然后在骨架内布局所需的花材。该型多用以表现静态挺拔向上的阳刚之美或清秀飘逸的阴柔之美的艺术效果。

直立式——阳刚美，《志士情怀》（张贵敏）

直立式——阴柔美,《水园丽景》(侯芳梅)

2.倾斜式

以三大主枝构成倾斜式骨架，A枝与容器呈倾斜状态，倾斜角度与中央垂直线以30°～60°为宜，向左或向右倾斜随意，通常以A枝自然倾斜姿态，顺其自然为主，B、C两枝亦随意位于A枝两侧，倾斜角保持在30°～60°为宜，然后完成骨架内的花材布局。该形式主要表现动态的、生动活泼的艺术效果。

倾斜式——《清风》（王莲英）

倾斜式——《书香》（张燕）

3.水平式

A枝与容器口保持水平状态,可与水平线上下浮动15°以内, B、C两枝分别位于A枝两边,共同构成有空间感的骨架,在骨架内完成花材布局,该型通常有两种造型方式,一是浅身容器中的水平式造型,多应用在低于人的视线俯视观赏为主的环境中,如茶几上、书桌上、会议桌上的摆没,营造一种宁静安详的氛围;另一造型是高身容器插制的水平式,多应用在展会上,表演中具平视的静态的艺术效果。

水平式——《隐者野趣》(王莲英)

水平式——《探春》(谢晓荣)

4.下垂式

该造型源于自然界中高山流水的瀑布或藤蔓植物自然下垂随风摇曳的姿态,为强调下垂的动态,常将A、B两枝共同下垂,其下垂角度应小于中央垂直线90°为宜,C枝在骨架上方以保持造型稳定性,不易翻倒,该型必用高身容器的瓶、筒之类。作品也需摆放在人的视线以上的空间位置,仰视其动态的生机与活力的艺术效果。

上述4个基本构图形式视为中国传统插花的基础造型形式,也可视为基本母型,因为其他丰富多变、多姿多彩的造型形式均由此母型的变形组合演变而来,所以认真学习和掌握这些基本构图形式是基本功,也是对中国传统插花认识感悟的表现。

下垂式——《留》(谢晓荣)

下垂式——《花之道》（梁勤璋）

第四章 中国传统插花造型的技法

中国传统插花造型技法的运用和表现以前文所讲的创作指导思想和创作核心以及品评标准为原则，一切技法，力求顺自然之势和自然之理之态，包含自然之情的巧选妙用。

第一节　花材文化的选用

一、花材文化的含义及特性

1. 花材的含义

花材是中国插花、花艺的主体构成要素，没有花材，插花、花艺将不复存在。

花材的文化内涵是插花花艺体现其作品主题思想和意境创设的主要载体，也是寄托思想情感的媒介与人格的象征，花材中凝聚着民族的气质和品德。

2. 花材文化的含义与特性

花材文化是指在插花花艺造型中，花材所具有的物质价值与精神价值的总和，它们既是创作中的物质要素，也是表现主题思想的媒介、语言和符号。

花材文化具有两个双重性：一是物质性和精神性，二是世界性和民族性。其中物质性和世界性在各国各流派创作中，都是必有的要素，而其精神性与民族性，因受不同国家和不同民族社会背景、文化观念、生活习俗的影响，对花材文化有不同的认识和表现，从而形成了各自不同的花文化的应用与审美情趣，表现出鲜明的精神性和民族性的差异，如西方一些国家对某些花材文化的含义和象征性以简单的不同花语为代表，而中国对此有别样的认知，赋花于情致和人格化，用很多意象表达人或物的内在气质和品德的象征性，由此而创造了许多名花的审美意象。如牡丹雍容华贵，琼姿艳态的姿容，富而不骄不霸的气质，人们赞美其豪气大度的王者风范，荣尊花王至高无上的地位；兰花生于深山峡谷中，不以无人而年年默默无言开花送清芳，其高雅清秀的芳姿、坚贞不屈的君子气节象征性，自古以来深受国人钟爱；在中国和佛教界均以"出淤泥而不染，濯清涟而不妖"赞美荷花雅静秀美、亭亭玉立的容貌和清廉质朴、圣洁祥和的气质。但据资料表明：荷花在德国被视为恶魔的水妖之花；菊花在某些国家视为丧礼之花或为不祥之花，而我国自古以来以菊花为长寿之花，是顽强拼搏精神的象征。由此可知花文化和花材文化都强烈地反映出民族性和精神性的明显差异和特点，所以了解这些特点是学习插花花艺人需有的基本知识，更是学习中国传统插花者必备的首要基本知识。

二、花材文化在中国传统插花中的应用与表现

1.花材文化选择和指导思想与原则

在中国传统插花中,花材文化不仅是造型的物质基础、意境表达的媒介,更是以花悟道宗旨的支柱,所以花材文化对于中国传统插花的构成与品赏都起到了举足轻重的作用,成就了中国传统插花富有诗意化与文学化的魅力,故其对花材文化的选择以"凡材必有意,意必吉祥"为指导思想,所选择的花材不仅自然属性优美,而且必富有美好吉祥的寓意和象征性,有文化内涵或美好谐意者,以形神兼备者为最佳首选花材。

选择的原则即:

(1) 格高韵胜的花材

形貌优美,品质优良,格调高雅,神韵奇妙,通过其天生丽质的自然形态,彰显出内在气质、神态的高贵以及充盈的精神状态,由此能诱发人文之美,令欣赏者赞叹,生发回味和遐想的审美享受,这样的花材文化最能表达中华民族特有的文化形态格高韵胜的花材。

(2) 富自然线条美的花材

善用线条造型,表现自然美和情趣,尤善用木本花材为中国传统插花创作的主要特点之一。我国木本植物极其丰富多样化,各种生态类型、形态特征的植物皆有,多姿多彩的线状枝形、枝势和质地以及不同的季相变化,便于创造不同的造型,传递不同的情绪,极宜展现中国传统插花自然活泼多变且内涵深蕴、意蕴悠长的风格。

(3) 富有生命力的花材

中国传统插花花材选材严格,但亦十分广泛,凡能有观赏价值、水养时间较长的植物的新芽、花蕾、花朵、花枝以及枯木枯藤、枯根、生活中的蔬菜、瓜、果皆可入选妙用,遵循"取其形,求其意,悟其道"的原则。

2.花材文化的应用和表现

国人对花材文化的应用和欣赏表现出多方位多层次的审美情趣,不仅关注和表现它们自然形态的美,更珍视关注它们的动态的生命变化之趣,以表现它们的生机与活力为要,因为它们都是一种生命和力量的展现。在传统艺术中有不少吟诵、描绘枯木、残荷、残菊的艺术杰作,它们虽形枯但神韵犹存,通过自身形骸的衰退,隐含暗示着活力与生机的轮回萌生,唤起人们对生命的珍视与尊重,基于国人对花与花材文化的独特感悟,在中国传统插花创作中主要表现如下审美情趣:

表现花材自然属性之美,不露人工痕迹,宛若天成。

艺术地表现花材的兴衰、枯荣,展现出其内在气质和神韵之美,特别是衰枯的花材,而不是将它们当作遮挡物、附属物,同样要展现出它们内在的生机与希望。

表现造型中花材的生命力与精神状态,引发欣赏者的心灵感受与韵味志趣,感悟中华花文化的魅力与独特的审美情趣。

第二节　花材的修剪与整形

一、修剪整形的必要性与原则

　　根据构思意图选择的花材，仅是备用的素材，有许多不尽如人意或不合要求的地方，造型前先对这些素材进行修剪整形，以符合造型的要求，以保持花材自然优美的姿态的前提下，顺花材自然之势和自然之理进行修剪和整形，使造型呈现出活泼、生动、充满活力的自然美为原则，其修剪整形需要贯穿整个造型的过程中而逐步完成。

二、修剪整形的要点与方法步骤

1.要点

　　（1）所有备选用的花材必须始终保持在水桶内，以免失水萎蔫影响造型。

　　（2）构成造型的三大骨架枝的修剪整形是首要的关键，它们决定了整体作品的形体、作品大小维度和形式美态，所以必须了解与掌握它们的生态习性，如枝干的弹性、软硬度、质地的粗细、枝条的疏密分布状况、阴阳面朝向与动势等等，因材施作，不可强行违背其正常发展的状态。

　　（3）焦点花的修剪整形不可忽视，它是造型的视觉中心，是作品最引人注目的地方，必须选择所有花材中最美最鲜艳最灵动者，修剪干净利落，组合修剪的花材多少可视焦点处空间的大小而定。

　　（4）骨架内花材的修剪整形以服从三大主枝的需求，疏密有致，高低错落有层次，高度不超过主枝为宜。

2.方法步骤

木本花材的修剪整形示例

枝叶繁密的枝条　　　　　修剪掉繁密的枝叶　　　　　枝条弯曲造型

切口处理　　　　　　　　修剪整形后的枝条

未经修剪的枝条　　　　　修剪掉多余的枝条　　　　　修剪整形后的枝条

木本枝条弯曲　　　　　　粗大木本枝条的整形　　　　粗大木本枝条的整形

草本花材的修剪整形示例

叶子的弯曲

未经弯曲的马蹄莲　　马蹄莲花茎的弯曲　　弯曲造型后的马蹄莲

用绿铁丝固定造型后的叶片

第三节 花材的固定技巧

当下最流行的花材固定方法是花泥，既简便又易行，但无法降解而有污染环境之嫌，没有解决其降解问题之前，它仍是普遍使用的固定方法。

花插即剑山也是流行的花材固定器，简便易行，但体量重，不易搬运。

其他如铁丝互相穿绕成团装在容器内插入花枝起固定作用，还有七宝器固定法等。但最为简约、环保的是中国撒的固定方法。

一、"撒"的由来与意义

我国清代著名造园家、戏剧家李渔发明的"撒"，主要是指利用自然界鲜活的木本茎段若干，根据造型之需绑成一定形状，卡于瓶口内壁，起到稳固枝材的作用。根据容器形状和创作之需，撒的尺度、形式均依据主题立意、容器尺度以及现实材料来定，其原理主要是借用花枝脚和"撒"与瓶内壁及瓶底之间的作用与反作用力的物理学原理，并使花枝在瓶内和"撒"上共有3个支撑点，以此形式巧妙地将枝材固定，稳定布局。

李渔在《闲情偶寄》中记："瓷瓶用胆，人皆知之，胆中着撒，人则未之行也。插花于瓶，必令中窾，其枝梗之有画意者，随手插入，自然合宜，不则，挪移布置之力，不可少矣。有一种倔强花枝，不肯听人指使，我欲置左，彼偏向右，我欲使仰，彼偏好垂，须用一物制之。所谓'撒'也，以坚木为之，大小其形，勿拘一格，其中则或扁或方，或为三角，但须圆形其外，以便合瓶。此物多备数十，以俟相机取用。总之不费一钱，与桌撒一同拾取，弃于彼者，复收于此。斯编一出，世间宁复有弃物乎？"

这一固定方法是中国传统插花独具的特色之一，更是体现了自古就有的生态意识和环保观念，巧用自然之物进行创造，使其源于自然又高于自然。

二、"撒"的形式与应用

1."撒"的形式与制作

"撒"的制作包括截段、修整、搭接和捆扎四步。撒的形式大致分为一字形、十字形、井字形、Y字形等,需要注意的是用于制作撒的木本枝条必须是新鲜且有弹性的,否则枯枝且无弹性的枝条做"撒"易伤害容器,适得其反。

2.撒的应用

以"撒"为固定花材的方法沿用至今,但是想灵活地掌握此法,看似容易,实则难做,不经千锤百炼很难驾驭自如,因此必须多实践,方可熟能生巧。"撒"有着丰富的内涵和外延,需要我们在继承前人的基础上不断深化理解和创新。

三、"起把宜紧,瓶口宜清"技法的传承

沈复是清代传统插花艺术承前启后的第一人,其插花专著《浮生六记·闲情记趣》中关于插花理论和技艺方面的精辟论述极大地推动了传统插花艺术的发展,尤其提出"起把宜紧,瓶口宜清"的艺术主张和许多实用的插制技巧,其中"自五、七花至三、四十花,必于瓶口中一丛怒起,以不散漫、不挤轧、不靠瓶口为妙,所谓'起把宜紧'也"。意思是花材

"撒"的应用

"撒"的应用

在插制中，基部要靠紧成束，像一丛花由容器口部竖直向上挺起，力度强劲，自然潇洒，不可松散无趣。"或亭亭玉立，或飞舞横斜。花取参差，间以花蕊，以免飞铍耍盘之病。叶取不乱，梗取不强，用针宜藏，针长宁断之，毋令针针露梗，所谓'瓶口宜清'也"。意思是说花材从容器中伸出，要保持器口清清爽爽，留有一定的空隙，枝叶不可倚靠在器口上，或塞满器口，密密匝匝不通透。如此，才能保持作品的优美、干净利落。如作品《春意盎然》《陋室德馨》。

《春意盎然》（谢晓荣）

《陋室德馨》（谢晓荣）

卷二 中国现代插花艺术体系

第一章 中国现代插花艺术的概念及其意义

第一节　中国现代插花艺术的概念

一、中国现代插花艺术的概念

中国现代插花艺术主要指 1978 年我国改革开放以来逐渐发展起来的一种当代的插花表现形式。它是在弘扬学习中国传统插花的理念和技艺基础上，为适应中国现代生活的需要，适应现代人们的审美情趣和时尚追求，以创新的精神逐步形成的。

二、发展和构建中国现代插花艺术体系的必要性

艺术是人类生活的真实体现，是社会面貌和时代精神的反映和写照，也是后人认识一个时代人类物质文明和精神文明的重要窗口。根据此经典含义，中国现代插花艺术如何表现与体现，是我们必须面对与深思的问题。

世人有目共睹，中国自改革开放至今，经济繁荣发展，科技进步腾飞，文化艺术思想活跃，整体国力强大，国际地位日升，赢得世人赞誉，我们应当通过中国插花尤其是中国现代插花艺术形式将祖国翻天覆地的新精神、新面貌表现出来，走进国人的生活中，让世界更加了解中国，让中国更走进世界。

当今世界风云巨变，国际经济一体化，文化艺术多元化，在此风浪下，各国都必然面对着大冲击、大交流、大融合的局面。在世界插花艺坛上也如此，西方的插花，日本、韩国等国的插花早已看好了中国的大市场、好机遇，声势浩大地涌进来传经授技，开班办学办展览和表演，尽显风流。如今中国传统插花虽已蓬勃发展，以独树一帜的特色赢得国人和世人的喜爱与赞叹，但传统不是凝固的，需要与时俱进，所以快速发展中国现代插花艺术迫在眉睫，应当本着"洋为中用"的原则与海纳百川的胸襟，与不同国家不同流派互相交流切磋学习，共赢发展，让世界插花花艺这朵奇葩为各国人民的精神文明生活增彩，带给人民身心的安康和美好的审美享受。

第二节 中国现代插花艺术的主导精神

一、坚守和遵循中国美学和中国艺术的以艺载道、以艺弘道的精神和目的

以艺载道、以艺弘道的精神，即主张和要求艺术重人品、重生命，起到怡情教化励志、升华精神境界的作用和目的。

中国艺术不仅充分体现了世界艺术的经典定义，即"艺术是美的创造，是抒情的劳动"，而且更对此定义有深刻的独到的认识与感悟，中国的美学和艺术更加重视人格精神境界与心性的修炼，故而视艺术为人格完善的工具和品格的象征，这一精神贯穿于中国各领域、各门类文学艺术的创作中。中国现代插花是中国传统插花的传承与创新，都是中国传统文化的一部分，所以自当坚守与遵循这一主导精神。仍是以花抒怀传情、以花言志言理、以花悟道为宗旨和目的。通过中国的插花艺术使人的心灵愉悦，与自然的和谐获得审美享受。

二、坚持重形尚意为创作核心的原则

重形尚意是中国美学和中国艺术的主要艺术思想和艺术主张。重形即重视创造艺术外观的形式之美；尚意即重视艺术内在的内涵气质神韵之美，也就是讲艺术的形式美（外美）和艺术的内容美（内美）的和谐统一前提下，更重视艺术内在的神韵气质意境之美（内美），只有外美和内美的和谐统一，才能构成艺术的整体生命之美。中国艺术在创作中都遵循这一原则，体现了中国艺术独特的优秀传统和文化心态，所以中国现代插花艺术的创作亦当坚持传承，过分的追求和表现形式美、技巧的美，便失去了中国艺术的特色和优秀传统。

第二章 开拓创新花材文化的新内涵

第一节　百花齐放　开拓新花材的选用

一、因时因地选用花材

中国传统插花多选用我国的传统名花以及优美的乡土植物为主要创作素材，这些名花的形象和象征性是千百年的中华花文化积淀而成的习俗，家喻户晓。而如今国际文化艺术已多元化，中国深化开放的国策，广阔的土地，大好的市场吸引了许多世界花卉种植生产强国、小国蜂拥而来开辟种植基地、占领花卉市场，五光十色的异国新植物鲜切花琳琅满目，这对我国花卉产业是极大的压力和挑战，但对我国的花卉选用也提供了丰富多彩的物质素材，中国现代插花花材的选用更加丰富。如原产澳大利亚的帝王花、针垫花、松红梅、红白千层等，又如荷兰生产的火鹤类、染色的菊花等，哥伦比亚生产的切花月季，日本新进入我国的木本切枝等等，充满了各地的花卉市场、展销会，应有尽有。如何选用既能反映当代新奇浪漫的时尚风气，又能符合我国国民的赏花习俗和审美情趣，甚是值得认真思考的问题之一。选用时首先要注意产地的地理气候条件与环境，不同气候带的切花，要适地而用，才能展现其天生丽质的美；另则要了解异地切花的生态习性与花文化的寓意和花语，不能张冠李戴，以自己的意思去解读，如帝王花怎能与我国的国民之花牡丹相互取代选用；松红梅也决不能取代高洁的梅花，因此因时因地因材选用为首要原则，花材的巧选妙用是创作成功的主要因素之一。

二、掌控新花材的自然属性

花材的自然属性即指花材自然生长的形态特点（形、色、姿、质、香）和其生态习性（即对温、光、水以及pH等的要求与适应性）。这些是花卉种植和应用的首要条件，也是插花选用的基本知识。尤对中国的插花艺术来讲更是主体要素，正如本书卷一中已论述过花材及其文化内涵对中国传统插花的作用与意义中已指出，花材不仅是造型的物质基础，也是表达主题思想和意境表现的载体与符号，是体现中国传统插花以花悟道宗旨和重形尚意创作核心的重要支柱，这些对花材文化独特的认识与应用的优秀传统值得中国现代插花学习与继承，当然扩大新花材的了解和应用更是当务之急。

　　新花材有些是我国各地新开发上市的，有些则是来自异国的。首先要对这些新花材的自然属性有细致的观察与科学的了解，熟悉它们在植物界的分类地位即科、属的名称，了解它们的原产地，可判断其生态习性。如当今不少插花师喜欢选用外来的帝王花和针垫花，仅看它们花形奇特，色彩鲜艳，却不了解它们原产哪里，有何习性，如此怎能将它们自然形态的美充分表现出来？帝王花学名 *Protea cynaroides*，别名非洲山龙眼、海神花。属于山龙眼科常绿灌木，茎直立红色，花朵硕大。原产非洲热带，性喜温暖干燥，光照充足，不耐寒、不耐阴，了解这些基本的特点，可以因地因场合的妙用，发挥它天生的美态。针垫花学名 *Leucospermum cordifolium*，为山龙眼科常绿灌木，花朵顶生，无花被片，雄蕊极多，细丝状，蜡质，内向弯曲，形如针垫，黄色或橙红色，为其主要观赏部位，亦原产非洲，习性与帝王花近似。又如插花中常用的草原龙胆，很多插花师都叫桔梗，这是错误的，桔梗为桔梗科而草原龙胆是龙胆科的，俗称洋桔梗，两者完全是两种不同的花卉；芦竹学名 *Arundo donax*，是禾本科芦竹属的，而芦苇学名为 *Phragmites australis*，也是禾本科的，但为芦苇属的，虽形态上粗看近似，而产地与习性是不同的。荷花正确的开花习性，是花朵和莲蓬都高高地挺出水面，而小小的卷叶是浮在水面，或稍挺出水面的，可是有些插花者都将花朵插得很低或贴在水面上，像睡莲开花一样，小卷叶却高挺水面之上，实为对荷花生理、生态习性的不了解，如此又怎能将荷花出淤泥而不染亭亭玉立的气质表现出来呢？所以了解掌握新花材的自然属性是插花人的最基本功。如此等等，必须认真观察和了解，才能适地适花巧选妙用。

三、主要新花材简介

目前，市场上出现很多畅销的进口花材，尤其是地处南半球的澳大利亚，因其气候干旱，很多花材花期比较长，养护比较方便，适合在我国部分地区应用，当下市场上流行的有袋鼠爪花、帝王花、针垫花等，受到广泛关注，介绍如下：

松红梅（*Leptospermum scoparium*）

桃金娘科常绿小灌木，原产新西兰、澳大利亚等地。因其叶似松叶、花似红梅而得名，又因其重瓣花朵形似牡丹，也称"松叶牡丹"。其花朵虽然不大，但花色艳丽、花形精美。花有单瓣、重瓣之分，花色有红、粉红、桃红、白等多种颜色，同时也具有观赏价值与一定的药用价值。

帝王花（*Protea cynaroides*）

山龙眼科常绿灌木。别名非洲山龙眼、海神花。原产非洲热带，性喜温暖干燥，光照充足，不耐寒，不耐阴。花朵硕大、花形奇特，其巨型的花冠好像庄严高贵的皇冠。代表着旺盛而顽强的生命力，并象征着胜利、圆满与吉祥。其巨型的花朵通常成为插花中的焦点。

针垫花（*Leucospermum cordifolium*）

山龙眼科针垫花属。别名风轮花、针包花、针垫山龙眼。花朵顶生，无花被片，雄蕊极多，细丝状，蜡质，向内弯曲，形如针垫，黄色或橙红色，为其主要观赏部位，原产非洲，习性与帝王花近似。

黄鸟蕉（*Heliconia subulata*）

芭蕉科常绿草本。别名黄丽鸟蕉、黄金鸟。商品名黄鸟。株高1~2m，叶披针状椭圆形，有长柄，抱茎，翠绿色。花梗直立，苞片黄色，有4~5朵小花，基部有红斑。花期春夏。在苞片充分生长着色时采收切花。原产巴西。水养期长，但后期苞片有变褐现象。花朵如小鸟飞舞，起着活跃气氛的作用。寓意飞翔、远眺。

鹤望兰（Strelitzia reginae）

旅人蕉科常绿草本。别名天堂鸟。是世界著名切花花卉。株高可近1m，叶近基生，具长柄，两侧排列，椭圆形，革质，灰绿色。花总苞横向斜伸，绿色，边缘晕红色。着花6~8朵，花形奇特，小花外3枚花被片橙黄色，内3枚花被片舌状，蓝色，包被雌雄蕊，柱头伸出花被外。原产南非。喜温暖湿润，光照充足，夏季忌阳光直射。水养期很长。寓意渴望、腾飞、幸福、吉祥、快乐、自由、归巢等。在欧美有胜利者的含义。

木百合（Leucadendron spp.）

山龙眼科。花形秀丽，亭亭玉立，有亮黄、紫红及绿等多个花色。叶片革质，花期很长，加上色彩丰富的树叶和包围花蕾的苞叶，使它成为非常有吸引力的鲜切花材。

蜡花（*Chamelaucium uncinatum*）

桃金娘科。叶片为对生，线形，似松针，四季常青。其花似梅花，花瓣蜡质有光泽，为粉红色或白色，配以紫色或金黄色的花心。花期长，它不仅花香扑鼻，枝干、枝叶也散发淡雅清香，闻之沁人心脾。

瓷玫瑰（*Etlingera elatior*）

姜科艳山姜属多年生草本植物。植株丛生，花为基生的头状花序，花序在春、夏、秋三季从地下茎抽出，花柄粗壮，苞片粉红色，肥厚，瓷质或蜡质，有光泽，层层叠叠，花上部唇瓣金黄色，十分妖娆艳丽，玫瑰花型，表面光滑，亮丽如瓷，重瓣性强。

尾穗苋（Amaranthus caudatus）

苋科一年生草本。株高150cm。茎粗壮，多分枝。叶有长柄，叶卵状披针形，端部有小芒尖。多数穗状花序集成细长下垂的圆锥花序，或呈直立状，暗紫色。有白绿花、红花和花序呈串球状的品种。花期8～10月。在花序中有3/4小花开放时采收切花。广泛分布热带地区。喜温暖湿润，光照充足。水养期长。线形花材，细长下垂的花序，适用于制作下垂式造型。

六出花（Alstroemeria aurantiaca）

石蒜科多年生草本。株高可达150cm。叶披针形，伞形花序顶生，着花10～30朵。花被片2轮，不整齐，外轮3枚近圆形，锯齿缘；内轮3枚较狭长，常有深褐色斑点。花色变化丰富，花期12月到翌年2月。还有四季开花的切花品种。在花序中有4～5朵小花开放、大部分小花显色时采收切花。原产南美洲。

草原龙胆（*Eustoma russellianum*）

龙胆科一年生草本。株高可达70cm，全株灰绿色，茎直立。叶对生，卵形，端尖，中脉明显。花单生枝顶或上部叶腋；花冠钟形，直立，先端稍反卷。花色有浅粉、蓝紫、紫、白等色。有重瓣品种。花期春末到秋季。在有5~6朵花开放时采收切花。原产墨西哥。

姜荷花（*Curcuma alismatifolia*）

姜科姜黄属球根植物。姜荷花的叶片为长椭圆形，中肋紫红色，穗状花序，花梗上端有7~9片半圆状绿色苞片，接着为9~12片鲜明的阔卵形粉红色苞片，姜荷花真正的小花着生在花序下半部苞片内，每片苞片着生4朵小花。姜荷花原产于泰国，在中国南方地区有大量栽培。

小苍兰（*Freesia refracta*）

鸢尾科多年生球根花卉。茎柔弱，少分枝。叶狭剑形，二列互生。单歧聚伞花序，小花偏向一侧，直立；花狭漏斗形，稍有香气。花色有白、黄、粉、紫红、蓝等色。在花序中第1朵小花开始开放、第2朵小花透色时采收切花。原产南非好望角。

千日红（*Gomphrena globosa*）

苋科一年生草本。别名火球。株高40～60cm，叶对生，椭圆形。小花密集，组成的头状花序呈球形，1～3个簇生茎顶。小花苞片膜质，为鲜艳的紫红色。有膜质苞片呈紫红、淡红、堇紫、金黄、橙及白色的品种。在球状花序上色、尚未完全开放时采收切花。原产亚洲热带。

向日葵（*Helianthus annus*）

菊科一年生草本。茎直立，被刚毛，叶大，宽卵形。花朵较大，四周舌状花单轮或多轮，也有全是舌状花的品种，金色；中央筒状花，紫褐色或近黑色。花径10～35cm。在花朵充分开放时采收切花。原产北美。寓意倾心、崇拜、忠诚、辉煌。

垂花火鸟蕉（*Heliconia rostrata*）

芭蕉科多年生常绿草本。株高约200cm。顶生大型穗状花序下垂，苞片15～20枚，排成两列，互不覆盖，总苞片船形，基部红色，向尖端渐变成黄色，边缘绿色，是主要的观赏部分。花期夏初。在花序长成、总苞片充分着色时采收切花。原产阿根廷至秘鲁。还有花序直立的类型。十分华丽、壮观，装饰效果突出，属大型异型花材，是珍贵的高档切花。

球根鸢尾（*Iris xiphium*）

鸢尾科多年生球根花卉。叶基生，3枚，线形，有沟槽，灰绿色。花莛粗壮直立，高可达50cm；着花1～2朵，浅紫色或黄色，垂瓣端部黄色，中部有橙色斑，基部细缢呈长爪状；旗瓣披针形，先端稍凹，白色晕黄，直立。有开蓝紫花、白花等切花品种。花期4～5月。在花蕾充分显色、第1朵花花瓣伸长3～5cm时采收切花。原产西班牙及地中海沿岸。

紫罗兰（*Matthiola incana*）

十字花科多年生草本，作一二年生栽培。全株有灰色星状柔毛，呈灰绿色，高达60cm。叶互生，长圆形。顶生总状花序，花色粉、紫、白等色，有香味。花期4～5月。在花序中有1/2小花开放时采收切花。原产地中海沿岸。是世界重要切花之一，品种甚多。

文心兰（*Oncidium* × *hybridum*）

兰科多年生常绿草本。别名跳舞兰。假鳞茎扁圆柱状，顶端着生2枚叶片，剑状阔披针形，中脉后凸，全株鲜绿色。花梗坚挺，拱形，多分枝；顶生聚伞状花序，小花有柄，唇瓣发达，扁形，中部浅裂，黄色，其他花被片窄条形，波状，黄色，有红褐色斑纹。整朵花像是身着花衫黄裙、翩翩起舞的少女。有大花和小花品种之分。在大部分花朵开放时采收切花。原产南美及北美南部、印度群岛。寓意快乐、活泼、青春活力、隐秘的爱。

晚香玉（*Polianthes tuberosa*）

石蒜科多年生球根花卉。基生叶细长带状，茎生叶互生，越近顶部越小。总状花序顶生，小花成对生于花序轴上，漏斗状；花被管细长，稍弯曲；花白色，有浓香，日落后香味更浓。有重瓣和叶面有斑纹的品种。花期7~10月。在花序上2~4朵小花开放、其余花蕾显色时采收切花。原产墨西哥。香气袭人，可增加作品的迷人魅力。

水葱（*Scirpus tabernaemantani*）

莎草科多年生水生草本。秆直立，中空，圆柱形，被白粉，灰绿色。叶退化成鞘状，密集的伞房花序顶生。原产欧亚大陆。喜凉爽和光照充足，耐寒、耐阴。水养期长。有变种花叶水葱，秆的花纹呈白色与绿色相间排列，观赏价值很高。

银叶桉（*Eucalyptus cinerea*）

桃金娘科常绿乔木。别名尤加利。小枝长而略拱曲。叶无柄，抱茎状，对生；圆形或叶顶部有凹刻；蓝绿色，经久不落。原产澳大利亚西部。叶形奇特，叶色充满凉意，有较强的装饰效果。

鸟巢蕨（*Asplenium nidus*）

铁角蕨科大型常绿草本，附生性。株高可达120cm。叶丛生于根状茎顶部外缘，向四周辐射状排列，叶丛中空，形如鸟巢。叶柄短，圆柱形，单叶阔披针形，基部下延，革质，两面光滑，有软骨质的叶缘。叶脉两面隆起。孢子囊群生于叶片主脉两侧，向叶缘延伸达1/2处。原产热带、亚热带地区。

金丝桃（*Hypericum monogynum*）

藤黄科半常绿小灌木。高达100cm，全株光滑，多分枝，枝对生。叶对生，长椭圆形，全缘，钝尖。花顶生，单生或呈聚伞花序。花瓣5枚，金黄色。蒴果卵圆形，成熟时红色。果期8月。在果实成熟充分着色时采收果枝。分布我国华北、华中及华南各地。常用果材。

火棘（*Pyracantha fortuneana*）

蔷薇科常绿灌木或小乔木。高可达3m，树形优美，夏有繁花，秋有红果，果实存留枝头甚久，花集成复伞房花序，花梗和总花梗近于无毛，萼筒钟状，无毛；萼片三角卵形，先端钝；花瓣白色，近圆形，果实近球形，橘红色或深红色。常用果材。

第二节　创造新花材的寓意和象征性

一、寓意、象征性的概念及其早期的应用

1.寓意

以一种具体形象代表一种意念，此形象是一般的、临时的，也可以说是一种比喻。

2.象征

以具体形象代表意念，此形象是相对固定的并具实质性的内涵，也可以说以具体的媒介物表达特殊的意义，寄寓某种精神品质或抽象事理。

在中国文学艺术中，尤其在花文化中借用寓意和象征性表达某种意念、事理或特殊意义者是传统的习俗与文化现象，此历史是非常悠久的，资料显示早在旧石器晚期（2万年前至3万年前），原初的先民们就萌生了原始的审美观念，打磨石珠、骨珠、骨手串佩戴项上、腕上，学会用骨针穿树皮、树叶围在腰间防寒遮羞（1.8万年前山顶洞人）。到了新石器时期（约1万年前至4000年前），彩陶的发明显示了中华先民审美的智慧和创造力，是世界古代文化艺术宝库中的一朵奇葩，享有造型艺术先驱的称号。在彩陶上不仅有多样变化的几何纹、动物纹与植物纹，而且在纹饰上具有了中华艺术中丰富多彩的象征内涵及人文含义、谐音文字、象征含义、数字含义、几何图含义等等，它们形象简单质朴，线条流畅，色彩明快绚丽，如女娲的娲与青蛙的蛙谐音，以蛙为图腾；鱼与余谐音，具有丰收之意，代表生殖繁盛，表现对生命的赞美；星纹象征太阳神、鸟凤纹象征太阳；月桂树象征月亮等等，这些纹饰反映了原始先民在生产和生活中最初的审美情趣，对美好生活的追求，对大自然与花草树木的热爱，这些谐音寓意和象征性至今仍广泛应用。

二、花材文化中丰富的象征性

至春秋战国时期，受农耕文化的影响，在《诗经》《楚辞》中记载了许多芳花香草的事理、象征性和人文精神，更加启发了先民们对自然对花木深层次的认识与感悟，特别是在伟大的爱国诗人屈原的笔下，不仅率先描写了花木自然形态的美与内涵气质的美，而且首次将这些花木赋予人的情致，将其人格化，以花作为人的品德风骨的象征。实质是使花木的自然属性与人的品格相契合。人品花格相互渗透融合授受，此后形成了以花喻人、以人喻花的中华花文化的核心精神，表现了中华民族独一无二的识花、用花和赏花的心态与审美情趣，也由此创造了更多更丰富的花的象征性，如松、柏视为常青、长寿的象征，牡丹是繁荣富强、美满幸福的象征，梅花是高洁的象征，荷花是廉洁、君子之风、高尚品格的象征，竹子是高洁的君子的象征，菊花是坚毅精神的象征。这些传统名花丰富的象征性和人文的内涵精神是数千年来中华民族文化的积淀，是国民识花懂花感悟花的审美创造，正是积累与创造了这些丰富的花文化象征性，成为中国传统插花以花传情、抒怀悟道的重要素材，创造韵味悠长的意境美的支柱，形成了中国传统插花具丰富文化内涵与人文精神的特有属性。

三、新花材寓意和象征性的创造

如前可知，花的象征性或寓意的创造是在对花木长久的认识、观察、感悟体验中日积月累积淀而形成的，也是创造者于热爱自然、热爱花木与热爱生活中总结提炼出来的。因此中国现代插花面对如此多元化的奇花异木要创造具中国花文化特色，又为世界人们所接受的新寓意和象征性，着实是一件很难的挑战，但也是必须面对的挑战，值得积极探索。吸取前辈经验，也如前文所言，首先查阅新花材的植物学基本知识，并针对实物进行认真细致的观察取得感性认识。另外向种植地调查资讯，也可阅读咏花诗词，得到启发与借鉴等，最主要的是要用真正的情感去观察探索，发挥想象力，切不可简单地低俗地随意地胡乱命之。一般可根据每种花的形象、花色、别名、生态习性、特殊的事理加上自己的意念、情感赋予其一定的寓意或象征性。有些花的名称本身就具有一定的寓意或象征性，如毛茛科的野生金莲花，古代习俗称其为金莲铺地，有高贵、华贵之意；赫鸟蕉属的黄鸟蕉、红鸟蕉以其形象和颜色，命其金丝鸟、喜鹊鸟、吉祥鸟等都有很好的寓意和象征性。总之新花材象征性的创造需要持久、耐心观察、学习、积累，天道酬勤，相信坚持下去，我们一定会创造许多新花材的新寓意新象征性。

第三章

开拓创新适宜现代插花艺术的容器

第一节　重视容器在现代插花中的作用与意义

一、现代容器的概念

凡符合当代人们生活中常见常用，并有一定审美价值，能保水和固定花材的容器，皆可在现代插花中应用。如时尚的玻璃容器，新型陶瓷器，生活中废弃的各类酒器、饮料瓶、罐以及现代竹、藤、柳和草类编制的筐、篮，仿古的斗、筛子、笼屉等，都可用于现代插花，它们不仅样式丰富多彩，而且较轻盈、简便易行，都是大众生活中喜见乐闻的，非常贴近百姓生活，应当在实践中大胆尝试应用，筛选总结出适合中国现代插花特色又为当下各国多元文化所认可喜欢的新型现代容器体系。

二、重视与传承容器在中国插花中的作用

史料显示：使用容器插花最早的是近5000年前的古埃及。我国则是在2000多年前的汉代才有容器插花的记载与图样。而中国早在新石器时代（距今约1万至4000年前）彩陶发明后，已考古出土有多种器形的容器，如瓶、盆、碗、钵、盘、鼎、瓿等，都是当今传统插花中经典的容器，而为什么晚于汉代才有插花应用，这是由当时历史背景和社会面貌所限制，因为这些容器主要为统治阶层所霸占，以显示他们的权力与地位，主要用于祭祀的礼器、陪葬的冥器以及生产生活中的工具、兵器与马具等等，这样的限制与习俗，至先秦的礼乐制度瓦解，在大汉王朝下，中西文化的交流，促进中国文化艺术的繁荣，中国传统插花由春秋战国萌芽期非容器插花形式提升为能保水能支撑花材的容器插花表现形式的产生，这是中国先民审美意念的进步与创造，使容器插花首创为东方插花艺术中典型的表现形式，一直延传至今。

瓷质容器成为中国传统插花的主要特色之一，是中国传统插花表现主题和构图造型的一部分，共同显示出端庄典雅的气质，所以中国现代插花应当借鉴此理念与特色，重视选用部分瓷质容器的应用。

第二节 适宜现代插花的器型简介

一、玻璃容器的选择

玻璃容器具有透明感和光泽感、底部平稳的特点。按色泽有无色透明瓶、白色瓶、彩色瓶、绿色瓶和蓝色瓶等。按瓶器几何形状有圆形瓶、方形瓶、曲线形瓶、椭圆形瓶等。按瓶口大小又分为小口瓶、大口瓶、广口瓶等。

各种玻璃容器

玻璃容器插花作品

二、新陶器的选择

新陶器是现代生活中用途更广泛的容器,多运用现代的审美眼光、现代的审美思想,造型新颖独特,更加具有现代艺术特质。

各式新陶器

新陶器插花作品

三、生活用具的选择

生活用具顾名思义就是日常生活中能够用来插花的器具，例如餐具、篮子等。

各式篮子

篮花

四、生活废弃物的选择

生活中废弃的并能巧妙用来插花的器皿，既有生活气息，又体现环保。例如废弃的厨具、酒瓶、水杯或者塑料盒等。

利用各种生活废弃容器插花

第三节　**中国现代插花构图形式的创新**

一、传承传统的非几何的自然式构图形式

　　自然式构图形式是中国美学和艺术崇尚自然、师法自然的主要艺术精神，也是中国传统插花表现自然美的主要创作与品评的标准。利用它的基本构图形式的任意变形与组合以创造千变万化的优美造型，这是中国传统插花经验的积累，仍应遵循灵活应用、传承与创新，如不必过多强调木本花材的选用，市场上引进的众多草本花材仍然可以插制出有中国味的现代插花作品。

传统的自然式构图形式

二、扩大创新适宜的构图形式

中国传统插花一直以台面摆放的容器插花形式为主流，但当下城市建设极速发展，交通繁忙，人口增多，流动性大，公共环境与居住环境面积有限，所以除保留必要的容器摆放形式外，应创建新的悬吊式、壁挂式、窗景式的构图形式，既节省台面，又可扩大空间，增加层次感，活跃环境氛围。

另外在当今文化艺术多元化潮流下，也可选用几何形构图形式，其实在我国古代岩画上、彩陶纹饰上、汉、唐、宋代的插花中也早已有少量几何形构图形式的表现。如今仍可因地选用，适应不同国家和民族的审美习俗。

悬吊式

悬吊式插花是指从屋顶或空中垂吊下来，而且没有落地连接的插花设计。这种陈设方式最大的好处就是不会占用生活空间，对人们的活动也不会产生影响，增强空间层次感。当然，出于安全性的考虑，要求选用质量较轻的容器。

悬吊式插花

壁挂式

壁挂式插花根据墙壁空间大小和容器的式样，随意造型，可以是直立、倾斜或下垂造型，巧妙利用墙壁空间，通常占地面积较少，既能节省空间，又起到装饰的作用。

壁挂式插花

窗景式

窗景式插花将窗的框架外形作为画框来看，每一扇窗也是一个取景的框，窗景如诗画，远近景观互为映衬，以小见大，以空见实。借助形态各异的窗形，将花材巧妙配置于咫尺之间，达到虚实相间的效果。

窗景式插花

几何形构图形式

几何形构图形式最主要的特点就是外形轮廓清晰、简洁、层次分明、立体感强。构图形式可以是规则式几何形构图，给人庄重、规整、简洁的感觉，例如常见的球形、等腰三角形、倒T形、椭圆形等。也可以是不规则式几何形构图，外形活泼，线条流畅，富有节奏感和韵律感，如常见的L形、不等边三角形、新月形、S形等。几何形构图的现代插花要根据环境的需要选择相适应的构图形式。

椭圆形　　倒T形　　等腰三角形　　球形

新月形　　不等边三角形　　L形　　S形

第四节 中国现代插花作品范例

风清花果香

花艺师 袁爱琴 / **类型** 现代蔬果插花

盛夏季节，瓜果丰硕。红了辣椒，熟了葡萄，五颜六色的果蔬溢满藤筐，象征着百姓生活和睦美满。盛开的非洲菊如夏日骄阳沐浴着万物生长。婀娜的尤加利枝条仿佛携着果香的清风送来丰收的喜悦。

花器
藤筐

花材
尤加利、橙色非洲菊、红色金丝桃、八角金盘、杧果、葡萄、红辣椒、萝卜、番茄、茄子、秋葵

春回大地

花艺师 谢晓荣 / **类型** 几何式现代插花

　　春暖花开、春回大地、草长莺飞、鸟语花香、春暖人间，温暖和生机又来到人间。

花器
黑色花钵

花材
郁金香、唐菖蒲、鸢尾、木百合、一枝黄花

时和年丰怡心甜

花艺师 袁爱琴 / **类型** 现代蔬果插花

花器
粉色玻璃瓶

花材
尤加利、橙色非洲菊、高山羊齿、茉莉花、桃子、葡萄、苦瓜、番茄、豇豆

粉色玻璃瓶盛入象征吉祥长寿的桃子、丰收的葡萄等瓜果，长长的豇豆盘绕在容口，寓意百姓生活圆满幸福。橙色的非洲菊与果蔬色彩相呼应，寓意人民生活蒸蒸日上。灵动舒展的尤加利线条寓意百姓生活充实安逸。作品以小见大，讴歌时和年丰、欢乐愉悦的好心情。

春华秋实

花艺师 张燕 / **类型** 现代蔬果篮花

花器
篮子

花材
菊花、玉米、南瓜、芦苇

待到秋风时节,东篱下的黄菊悠然,只要有春的播种,就会有秋的收获,沉淀的果实,挂满了枝头,南瓜玉米芦苇荡,殷实的秋收,惬意的人生。

颂丰收

花艺师 袁爱琴 / **类型** 现代组合盘花

蓝色塑料盘,叠放在一起,五彩缤纷的瓜果蔬菜高低错落置于盘中,果实鲜美,秀色可餐。盘中的插花以铁树枝为主线条,拉高作品空间的层次,娇艳的百合寓意生活和和美美,一幅丰收祥和的景象尽收眼底。

花器

蓝色塑料盘

花材

铁树枝、粉百合、红月季、八角金盘、胡萝卜、荔枝、黄瓜、桃子、豇豆等

大吉大利、竹报平安

花艺师 张燕 / **类型** 现代组合陶瓷插花

　　红瑞木似爆竹的火焰，金橘、橘红色的辣椒、桂圆象征吉祥喜庆之意，搭配一对陶瓷瓶器，表现吉利、平安的主题。

花器
现代陶瓷

花材
红瑞木、火龙珠、金橘、辣椒、桂圆

桃李送福满人间

花艺师 袁爱琴 / **类型** 现代蔬果插花

花器
高脚玻璃容器

花材
石榴枝、粉月季、茉莉花、高山羊齿、红色多头香石竹、桃子、李子、石榴、苦瓜、豇豆

　　高脚玻璃容器下端盛满鲜红的李子,瓶子上部植入花泥,插入石榴枝和粉嫩的月季等花材。桃子簇拥在瓶口,上挺的石榴和瓶中下垂的豇豆上下呼应。一幅榴枝婀娜榴实繁、桃李送福满人间的生动画面扑面而来。

紫气东来

花艺师 张燕 / **类型** 现代陶艺插花

　　紫色的紫珠、茄子与白色的冬瓜、棉花，搭配圆月和新月形的花器，一组作品通过色彩的变化和谐音的寓意，表现紫气东来的主题。

花器
现代陶艺

花材
紫珠、棉花、冬瓜、茄子

苦尽甘来

花艺师 张燕 / **类型** 现代谐音篮花

　　苦瓜、甘蔗，一个苦涩一个甘甜，就好像奋斗的历程，不经历风雨怎能见彩虹，苦尽甘来的那一刻正是收获喜悦之时。

花器
花篮

花材
向日葵、苦瓜、甘蔗

期盼

花艺师 王存周 / **类型** 窗景式现代插花

　　金秋十月,窗外飘来阵阵桂花清香,高低两组插花作品两相遥望,透着窗仿佛在期盼着家人的团聚。

花器
新陶器

花材
百合、菊花、桂花

倾心

花艺师 张燕 / **类型** 悬吊式现代插花

高低错落的悬吊的篮花，搭配黄鸟蕉、月季，象征互诉衷肠的美好爱情。

花器
花篮

花材
黄鸟蕉、月季、文竹

妙音

花艺师 张燕 / **类型** 壁挂式现代插花

仿佛听见悠扬的笛声,空灵缥缈,令人回味。

花器
竹子

花材
兰花、文竹

清白传家

花艺师 张超 / **类型** 组合式现代插花

作品通过花材蔬果谐音，表现清新和谐的传家风尚，承载丰厚的文化内涵和民族精神。

花器
深色陶盆

花材
百合、白菜、西葫芦、芦笋

花器
现代陶器

花材
鸢尾、唐菖蒲

卷二 中国现代插花艺术体系

雅韵

花艺师 王莲英 / **类型** 不规则式现代插花

灵动的线条，婀娜的花姿，舞动的韵律，尽显花草曼妙雅韵。

安暖相伴

花艺师 张超 / **类型** 组合式现代插花

两情相悦，心有灵犀，用心灵相遇，在相伴的日子里温暖对方，安心温暖陪伴一生。

花器
现代编制容器

花材
百合、散尾葵、巴西木叶、红朱蕉

相伴

花艺师 张燕 / **类型** 现代钵花

携手人生，一起走过青春岁月，笑过、哭过，品生活滋味，淡然面对，相伴永远。

花器
花钵

花材
唐菖蒲、康乃馨、芒叶

花器
花篮

花材
马蹄莲、向日葵、康乃馨

和睦

花艺师 谢晓荣 / **类型** 现代篮花

互相扶持，营造和睦美满、欣欣向荣的家庭氛围，才能家和万事兴。

一见倾心

花艺师 王莲英 / **类型** 现代钵花

有一种等待叫望穿秋水,有一种感情叫一见倾心,择一城终老,遇一人白首,追随并守候那个令你倾心的灵魂伴侣。

花器
花钵

花材
唐菖蒲、百合、芒叶

如影相随

花艺师 张燕 / **类型** 组合现代瓶花

如影相随的是母亲的牵挂和叮咛，是师长的信任和嘱托，是挚友的关爱和温暖，是自己的成长和感悟！

花器
花钵

花材
扶郎花、一枝黄花、玉簪叶

花器
花钵

花材
扶郎花、唐菖蒲、百合

中国现代插花艺术体系

岁月如歌

花艺师 王莲英 / **类型** 现代钵花

　　岁月如歌,时光易逝,如白驹过隙,匆匆而过,留下的是珍贵而美好的过往,令人舒展。

水上芭蕾

花艺师 谢晓荣 / **类型** 组合现代瓶花

　　一排排美丽的少女，舞动着婀娜的身姿，伴着美妙的旋律，翩翩起舞，令人陶醉。

花器
花瓶

花材
小苍兰、蝴蝶兰、剑叶

少女是多梦的花季，世间一切美好的事物，都有滋有味地在她的心中流连……少女的心呵，像是天上的云朵，飘忽不定。

粉色月季花，集中插置于作品上部偏右侧，象征少女美好的梦景和多变的企盼，在朦胧而舒展的情人草衬托下，娇艳欲滴，柔美动人！迎春枝条弯成的圆环和伸出的曲枝，形象地表现出少女多变而强烈的追求，使作品更加活跃而富于动感。粗瓷罐像是稳固的大地，托举着少女的梦想，奔向理想的港湾。

少女的梦

花艺师 王莲英 / **类型** 现代插花

花器
褐色粗陶罐

花材
情人草、月季、迎春枝

银河恋

花艺师 王莲英 / **类型** 现代壁挂篮花

花器
褐色竹篮

花材
月季、蜈蚣草、马蔺、霞草、菊花、南蛇藤、白孔雀

"迢迢牵牛星,皎皎河汉女……盈盈一水间,默默不能语。"一道银河将相亲相爱的情侣隔开,相倾不能相亲,相爱不能相聚,真是"寸情百重结,一心万处悬"呵!作品右上角以三枝粉月季为主的造型,表现织女在向银河对岸遥望;左下角一组造型,以三枝红月季为主,表现牛郎正站在河边,盼望鹊桥快些在脚下搭起!此情此景,引入入胜,徘徊其间,不能自已。

素心如雪

花艺师 郑青 / **类型** 现代瓶花

善意善行就像水一样润物无声，淡泊宁静，清心致远，心就像雪一样洁白纯净。

花器
金属花瓶

花材
木百合、散尾葵、熊草

和合

花艺师 郑青 / **类型** 现代瓶花

如荷花般盛开的百合，层层叠叠，芬芳扑鼻，散发着独特的魅力，如日月交辉，万象和合。

花器
陶罐

花材
百合、散尾葵

一帆风顺

花艺师 张贵敏 / **类型** 现代盘花

远航的帆，飘逸的风，灵动的情，预示着一切美好和祝福。

花器
异形花器

花材
百合、散尾葵、木百合

迎宾

花艺师 王莲英 / **类型** 现代瓶花

花器
金属花瓶

花材
散尾葵、木百合

用家中废弃的酒瓶插制一件现代插花作品，伸展的散尾葵似张开的双臂，热情迎接来访的宾客。

鹊桥

花艺师 张燕 / **类型** 组合式现代插花

鹊桥相会，让久别重逢后的情侣团聚，世间所有的相遇都是久别重逢，珍惜每一次遇见。

花器
花篮

花材
月季、蒲棒、玉簪叶、草原龙胆

花器
花篮

花材
扶郎花、鹤望兰、小菊、柏枝

　　作品寓意家庭和睦欢乐、亲人理解支持，才能幸福美满，其乐融融，事业家庭步步高升。

步步高升

花艺师 谢晓荣 / **类型** 现代篮花

红妆

花艺师 李其蔓 / **类型** 现代插花

屏风后，小帘窗，梳妆台。红烛为谁燃，红妆为谁扮，大红的红绸飘展，一团喜庆。

花器
红色提筒

花材
蒲棒叶、芍药、粉掌

舞动青春

花艺师 李其蔓 / **类型** 现代瓶花

花器
陶瓷瓶

花材
南天竹、月季

　　旋转的花台，舞动的身姿，青春的旋律，年轻的心声。

相约而至

花艺师 谢晓荣 / **类型** 现代组合式插花

　　守候不为拥有，只为懂得，心心相印，是无声的默契，惺惺相惜，是无言的相约。

花器
花篮

花材
红掌、百合、草原龙胆、兰花、月季、鸟巢蕨

幽兰飘香

花艺师 李其蔓 / **类型** 现代筒花

散发着淡香，幽幽的暗香，伊人独倚栏，相视不得语。

花器
竹筒

花材
枫叶、兰花

芬芳

花艺师 张贵敏 / **类型** 几何式现代插花

花器
黑色陶器

花材
月季、白叉木、玉簪叶

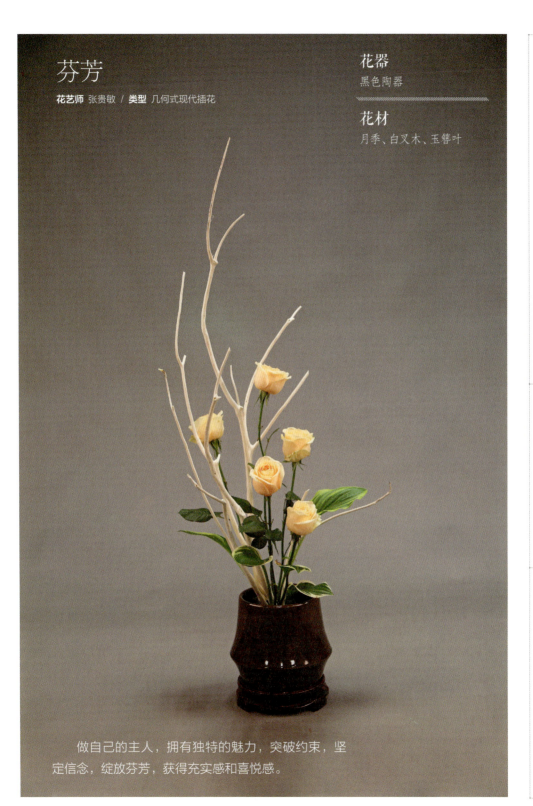

做自己的主人，拥有独特的魅力，突破约束，坚定信念，绽放芬芳，获得充实感和喜悦感。

归心似箭

花艺师 张贵敏 / **类型** 几何式现代插花

　　作品以花材的倾斜动势,表现归心似箭的强烈心情,让人浮想联翩。

花器
陶瓶

花材
唐菖蒲、百合、剑叶

似水流年

花艺师 谢晓荣 / **类型** 异形瓷器现代插花

　　生活如诗,岁月如画,似水流年。时光,如涓涓细流,漫上流年,一去不复返。

花器
异形瓷器

花材
人造花

卷三

中国现代花艺体系

第一章

插花与花艺的概念异同及主要特点

第一节　**插花与花艺的概念**

一、插花的概念

插花即指采摘有观赏价值的枝、叶、花、果或根作为插花艺术的主要素材，经过一定人为艺术加工造型而创作的一门造型艺术作品，有两类表现形式至今盛行于世界各地。一是用传统的捆绑、编扎的非容器插花形式；另外是插在容器中的插花形式。

插花艺术在东西方的插花发展中都有悠久的历史。如前面所述西方插花最早出现于近5000年前的古埃及，而东方则最早出现于中国的先秦时期，这门古老的艺术在人类的生活中一直发挥着绿叶衬红花的作用，虽不是人类社会生活中的主角，但是几乎同人类的文明生活同步走来。至今已成为各国重大外事活动、礼宾活动、节庆活动以及百姓的

西方的捧花　　　　　　　　　　　　东方的中国捧花

婚丧嫁娶、门市开业等活动中不可或缺的部分，为人们的生活增添很多欢乐的情趣与美好的享受。

二、花艺的概念

花艺一词是由西方插花于1960年派生出来的一种新型的插花表现形式。并将1960年前的西方插花称为古典插花，1960年以后的插花称为现代花艺（钟伟雄）。它与插花虽无本质区别，因为都是以切花花材为素材，人为技艺加工所创作的新型造型艺术。但它却是顺应当代时代的发展和社会潮流及审美时尚的需求而创造的颇具现代感与新潮时尚气息的花卉应用形式。

三、插花与花艺的异同

两者虽无本质区别，但却有很多不同。插花主要素材是以鲜活的植物为主（除偶有少量的枯枝干的使用），主要通过花材的整形、修剪与揉搓、刻伤或扭折手段等进行造型。这些技巧在中国插花中尤传统插花中是不能显露人工痕迹，而要求保持"虽由人作，宛自天开"的自然美情趣，并通过造型的形式美与花材所含有的内在气质与神韵的展现，来表达作品的主题思想和意境美，这是中国传统插花富有丰富的文化内涵和深蕴的人文精神独有的特色。

现代花艺是近现代西方创造的一种新型插花艺术表现形式，它的创作理念、技巧手

早期的容器架构花艺

现代全架构花艺

法、构图形式与插花都有很多不同的特点。如选用素材上除鲜活的花草外，还可以选用许多非植物性材料，如人造的金属性、玻璃制的装饰品、鸟类的羽毛和其他人造饰品等。在构图上仍善用传统的几何形，技法上更是多种多样。如捆绑、编扎、缠绕、重叠、组合等等，并且这些技法都是显露出来的，充分表现出西方现代花艺的理念，注重表现作品的形式美、技巧美与人工之美。

第二节 西方现代花艺的特点与技法

一、主要特点

（1）架构式的造型空间感强、内部张力大，宜表现动感和层次感。

（2）形式美的创造，时代感较强，新潮流新时尚味较浓，设色大胆，或艳丽，或清新淡雅，整体上活泼大气。

（3）缺乏主题思想和意境的创造，这与其传统文化和审美意识有关。不同的国家和民族有不同的文化环境与习俗。这正是当今多元文化交流取长补短的好机遇。

二、西方现代花艺的主要技法

西方现代花艺的主要理念是表现形式美、人工技巧美，故而创作中十分注重造型素材的选用与技法的应用与表现，所用素材极其丰富，尤注重选用表现造型形态、材质质地及色彩的素材，技法也多种多样。广泛应用的主要技法根据它的形象变化举例如下：

1.表面质感变化的技法

主要有覆盖(Covering)、包裹(Wrapping)、熏黑(Sooting)、燃烧(Burning)、缝补(Sewing)、着色(Coloring)、退色(Breaching)、软化(Softening)、结霜(Frosting)、自然干燥(Air drying)、仿古(Antiquing)等。

覆盖：纱网、渔网等大面积轻盈的材料覆盖在作品上面，遮掩作品半透视的效果，是让作品显得更轻柔的手法。

包裹：用胶枪、喷胶、双面胶、U形针、大头针等将叶子或花瓣及面状材料在容器或物体表面粘贴覆盖，改变原有的材质。花束用包装材料包装也是包裹的技法。

着色：叶材、花朵及副材上为了达到某种效果，对其涂颜色或喷颜色等从而改变颜色。

退色：有些叶子或枝干，用漂白剂或药水脱色之后使用。

结霜：用白色颗粒表现以霜覆盖的效果。

自然干燥：倒挂干燥之后不变形，持有一定的美观效果和质感的材料，在空气中自然干燥。如秋色绣球、垂线鸡冠、勿忘我等不上水可直接按设计要求使用。

仿古：利用很多工业技术和材料，把表面做成看似旧物一样仿旧的手法。

这些技法主要改变表面的质感、颜色，形成一定的纹理图案。

绒毛状的编织物在作品上方覆盖，白色的作品显得更洁白轻盈

把书带草用喷胶粘贴在花泥上，整个花泥包裹以改变表面

在松枝上用低温蜡粘上仿结霜的效果，表现冬日的主题

熏黑的木头像岩石一般，模拟兰花在岩石中生长的效果

自然干燥的花束从色彩和质感上达到了油画的效果

2.结构组合变化的技法

主要有插入(Inserting)、链接(Linking)、交织(Interlacing)等。

插入：在花茎或叶子中嵌入铁丝，加强韧性或按想要的方向定位。

交织：相互交叉错落编织或捆绑的技法。

3.组织变化的技法

主要有盘绕(Entwining)、扭曲(Twisting)、编织(Weaving)、织网(Tangling)

编织：用织或编的技法将叶子、茎、丝带、铁丝、藤等一起加入表现纹路变化。

织网：用铁丝或绳、细枝条编织成网状的技法。

竹片链接成整体的大作品，以组合的技法在形态和构成上产生很大的改变

用叶子在容器口开始往上盘绕，从头到尾都以盘绕的形式完成

交错捆绑的藤与藤之间产生很多空间，达到想要的造型以便插入花完成作品

藤球和叶子被铁丝插入固定

扭曲细长的水葱叶扭成团，直线变成曲线　　细的铝线织的网状半圆形造型覆盖在半圆形作品上，使作品变大而且通透　　细藤和铁丝编织的立体的圆形结构，铁丝起到支撑的作用

4.排列和区域变化的技法

主要有围绕（Embracing）、堆积（Piling）、叠加（Stacking）、并列（Enumerating）、对置（Putting）、放置（Mounting）、分层（Layering）、重叠（Laying）、摊开（Spreading）、排线（Striping）、散射（Sprinkling）、散洒（Scattering）、交叉（Crossing）、旋转（Shifting）、阴影（Shadowing）、阶梯（Terracing）、群聚（Clustering）、平行（Paralleling）、顺序（Sequencing）、组群（Grouping）、分组和分区（Zoning）、聚集（Gathering）、配对（Matching）、反射（Mirroring）、铺陈（Paving）、框景（Framing）等。

围绕：在物体周围及特定部位缠绕或圈卷的手法。

叠加：大小相似的材料之间没有空间，有秩序地垂直叠堆，无限重叠。

并列：从大到小顺序行列有秩序地安排，可以使颜色由深到浅的变化。

分层：用花瓣或叶子等片状物体，水平方向一片覆压一片覆盖表面的技法。材料和材料之间没有距离，覆压之后形成一个层次，像鱼鳞的感觉。

散洒：用土或花瓣等洒落在作品周围，表现留白或连贯性和延伸作用。

阴影：将相同而形态略小的花材放在其阴影中加强视觉重量，由前支材料高于后支材料来表现影子的效果，使视觉上增加层次感和突显花材。

阶梯：一种基柱技巧，相同的材料水平插入，像梯田一样，排列上相同的材料呈现出从大到小、从前到后的台阶形式。

平行：两条或两条以上的线，向同一个方向延伸，其同每一点的距离都相等。

顺序：花艺设计中将花材由大而小，颜色由浅而深或由深而浅以及花朵由花苞至盛开的顺序排列。

组群：在限定的空间里用相同的材料聚集插制，组与组之间有明显可见的空间或不同色彩、不同质感的花材。

反射：镜子反射的原理，像镜中反射效果一样相对应反复插制。比如一朵玫瑰在镜中反射之后会出现有很多玫瑰的效果。

铺陈：用在作品基础处理的部分，以聚集、分层、梯田、铺平、枕头块等形状装饰，突出材质对比感和装饰性特点。

分区/分组：将类似的材料在特定的区域内使用，相同的材料聚集一起跟其他材料有明显的空间和距离，计划性区分排列，组织设计成更大的范围。

聚集：用相同的多个花材集合在一起并紧密地插在一处，使每一类花的数量、形状或花材形成一个整体。

框景：用枝条或花做框架或构景，将花材放置在能使欣赏者眼光集中的特定区域的一种技巧。

密集的块状扶郎花束周围用彩色纸绳围绕，使作品有动感和空间

分层技法用于基柱处理较多，银叶菊的叶子一片压一片，形成鱼鳞状

重组的白色玫瑰放进透明球形瓶中，瓶中用书带草交织的技法排列，使作品有半透视的效果

将木贼穿上铁丝对齐排列，使线条变成整齐面状

水平方向插入使叶片之间产生空间层次，整体基部用铺陈技法突出各种材质的质感和变化性

马蹄莲纵向平行达到直立向上的延伸

莲蓬由小到大插制，表现向上生长的状态

聚集技法在基柱部分表现较多，可以集成各种堆状

组群技法突出表现不同花材之间的色彩和质感，插作时注意其协调性及空间感

链串技法用于下垂式的架构手捧或空间装饰,金丝桃的果用铁丝穿连成条状,改变了其形态

绿色部分叶子是用分层的技法粘贴,粉色部分是勿忘我花瓣用喷胶粘贴而成。不同形状的物体表面粘贴,形成不同形状的装饰

5.形态结构变化的技法

主要有切断(Cutting)、折叠(Folding)、折断(Breaking)、链串(Threading)、聚团(Lumping)、压皱(Crumpling)、打褶(Pleating)、按压(Pressing)、拧紧(Tightening)、拉伸(Stretching)、挖蚀(Plucking)、粘贴(Pasting)、重组(Assembling)、铁丝固定(Bracing)、扎束(Braiding)、穿孔(Punching)等

折断:折来折去把直线条的枝条变化成多个折点的技法。

链串:果实、花朵、叶等用线或铁丝连成串状。

粘贴:在物体表面用黏合剂紧密接触覆盖或粘在一起。

铁丝固定:用铁丝做成钩的形状,对大而精致的叶或花的背面衬托或定型的技术。

扎束:将三个或以上的柔软线条像扎辫子一样扎起,纤细、柔软的枝干像束状捆扎成小束。

穿孔:在大片叶子和物体表面,为了表现材料的透视效果和质感的变化而打孔或刺破表面的技法。

细小的满天星花茎用铁丝捆扎之后多个小花束聚成半球形,像一把大花束一样重新组合

6.可动性技法

主要有吊挂（Hanging）、浮动（Floating）等。

吊挂：用移动形式表现韵律和动感变化，将花材或装饰物吊挂的技法。

浮动：模拟在水面上漂浮的叶子或水生植物漂在水面上的处理技法。

7.曲线变化技法

主要有弯曲（Bending）、卷曲（Curling）、卷圈（Rolling）、旋转（Swing）、绕圈（Winding）等。

弯曲：把材料揉搓或用外力扭曲使其有弧度。

卷圈：扁叶子或花瓣卷成筒后用胶粘贴固定或用细铁丝或绳固定，多个卷筒链接起来像爆竹一样的效果。

利用铁丝结构把加工过的木片弯曲形成弧度，改变成鼓的形状

不同质地的叶子卷成圈圈，像小卷筒一样改变形状

用铁丝固定技法固定钢草和珠子及绿果，在重组的尤加利花朵造型外围一圈圈的绕圈完成

多个玫瑰花瓣重新组装成大玫瑰，具有整体感和突出花材的质感

每片叶子、花朵及果实都用铁丝固定，使茎部变精细而且可以固定造型

水盘中漂浮的蕙兰在水的浮力下跟水盘外围的环形结构加强了作品动感表现

冰柱形装饰物和独本菊的吊挂，让作品更有灵动感和节奏感

8.固定完成技法

主要有捆绑（Bundling）、绑束（Binding）、缠绕（Banding）、捆包（Baling）。

捆绑：相同的花材群聚在一起，利用装饰物由上端捆绑并等间距地缠绕整束的花梗，使其延伸到其他的花材。

绑束：吸引欣赏注者的意力，强调装饰效果的捆绑方法，它不受限于茎干的数量或部位，但手法精致利落，在最正统的方式中绑束只是装饰性，并不是实际功能。

缠绕：在特定的部位，为了吸引眼球，利用柔软的线、藤等材料连续地绕成简单的环形装饰产生质感变化。

捆包：把材料像捆干草或稻草一样，用几何体形状有规律地捆紧。

这种技法既起到固定作用，也可以产生装饰效果。

龙柳上端用铁丝缠绕固定，既收起凌乱的细枝而且可以弯曲改变方向

捆绑技法像花束的捆绑点装饰,起到固定的同时也是装饰

干净利落的竹子用麻绳捆绑两道,让竹子可以站立,起到固定作用

9.外形变化技法

主要有站立（Standing）、倾斜（Slanting）、下垂（Drooping）。

站立：材质较硬,有一定支撑力的材料用设计技巧纵向制作,表现向上的张力。

下垂：轻盈、飘逸的材料或装饰品往下垂的技法,如文竹、铁线莲等轻而长的材料下垂或穿连的装饰物或果实。

倾斜在视觉上柔和,有活力与韵律感

这种技法是把外形简单化和综合化的变化技法，利用直立或倾斜的线条特征改变造型。

随着科技和工业的高速发展，除以上各种技法外，还将有更多越来越好的高端技法应用于现代花艺的设计理念中。

框镜的作品直立形表现安稳感、均衡感及向上感

用下垂技法可以表现出瀑布的效果

第二章 中国现代花艺新体系的构造

第一节　创建中国现代花艺的必要性

一、中国现代花艺的概念

中国现代花艺是中国插花艺术体系中的主要组成部分之一，是中国插花一种新的表现形式。它是20世纪90年代学习和借鉴西方现代花艺后而逐渐形成发展起来的。其主要理念和创作思想是吸收当时西方现代花艺的优点为我所用，弥补其内涵和意境创造的不足，增添中国元素，增强作品主题思想和艺术形象的表现，创造出符合中国美学和艺术精神，贴近大众生活，有当下时代气息与时尚美感的中国现代花艺为宗旨和目的。

二、构建中国现代花艺的意义

中国插花艺术体系中传统插花是根基，现代插花、现代花艺是传承中的创新，因为传统不是凝固的，是与时俱进的，是在传承中创新发展的，这样才能保护根基的扎实与巩固，并不断充实新的血液，增强更强劲的生命力。使中国插花艺术体系的三套马车三轮驱动，让世界了解中国的插花艺术及其优秀的文化，再创昔日历史的辉煌，为中国文化添加实力增强活力，使中国插花艺术在世界插花领域中保持应有的地位与话语权。

这是传统与现代的碰撞与交融，是历史发展的必要，是多元文化并存发展的必要，也是新的挑战，我们插花花艺界的同仁必须有自信面对和战胜这一新的挑战。

为此我们一定要保持清醒的头脑，站稳脚跟，构建适合当代中国大众生活需要与追求的插花花艺作品，故而应注意：

（1）让中国现代花艺依旧成为中华传统文化精神的表现和载体，具有时代感、历史感，具有鲜明的民族特色，高深的文化内涵与人文精神，注重创作中的思想性与情感的表现，这是创作的根本，而不能单纯地追求空间的形式美、技巧美。重形尚意依旧是中国插花艺术的创作核心与品评标准。中国现代花艺必须遵循。

（2）中国现代花艺造型的架构形式要有环保意识，因地因环境需要，以走进千家万户为主流，以表现大众生活需求，并有情趣有激情，有对生活、对社会的热爱为创作宗旨和目的。

（3）发挥中国花文化独特的意象内涵与丰富深蕴的人文精神，以及儒雅的审美心态，要充分展现花材天生丽质的美以及赋予的象征性，而不能堆积花材，单纯表现形式美。

（4）虚心认真学习西方现代花艺丰富的技巧与表现手法。

第二节　创建中国现代花艺的经验总结与感悟

中国现代花艺是当代新派生的艺术表现形式，发展历程还很短暂，许多方面需在实践中探索、总结，不断地与各国插花同仁进行技艺交流学习，相互取长补短，相信在我国悠久的文化积淀中，在当代继续深化改革开放的国策引导下，一定会让中国现代花艺茁壮成长，为此要坚守如下原则：

一、发展中国现代花艺一定要努力地挖掘中国传统文化

中国几千年的文化积淀，奠定了非常完整的空间、色彩、线条、形状等设计体系和理论体系，我们发展中国现代花艺，就要遵循这些设计原理，努力做出可以让当代中国人从骨子里有文化认同感的设计，简单来说，就是一看这个设计，就可以引发从内心深处的文化认同感，这是真正的中国现代花艺设计。

二、发展中国现代花艺一定要努力吸收西方花艺设计理论和技巧

虽然中西方的文化背景不同，但是在西方花艺的历史发展过程中，也总结出一整套理论系统，通过非常简单实用的技巧把色块和几何图形有机地融合在一起，应取其长为我所用，但要抛开其设计体系中有关宗教、西方独有习俗的部分。

三、发展中国现代花艺要以中国传统插花的设计思想为内核

好的西方现代花艺作品，技巧与外在表现形式相结合，既有商业价值，又有文化认同感。但纯欧式的花艺作品，商业价值虽较高，有表面上的色块和几何图形的美，但缺少内

在的文化价值。中国传统插花作品，虽有丰富的文化内涵与人文精神，但是如何提高其广泛实用性与商业价值，需要在相当长的时间里去实践总结，要以中国传统插花的设计思想为内核，使中国现代花艺走入更广阔的市场。

四、发展中国现代花艺要跟当代特有的国情相结合

现在中国的社会发展呈现出几种主要特点：

国际之间交流学习越来越多，很多年青人甚至从高中开始就去国外学习，所以现代花艺设计一定要符合现代年轻人的审美，符合现代年轻人的价值观念，要从多种流行艺术形式中（比如绘画、建筑、音乐、雕塑等）去汲取设计元素，让当代中国现代花艺设计在艺术价值上与其他艺术形式一样，能够去引发人们深度的思考。

当代中国社会经济快速发展、科技腾飞、国民生活较富足，人们对生活品质的要求越来越高，而且注重修身养性的人群大量出现，让家庭从原来的满足基本消费，逐渐转变为更个性化、更品质化，所以发展中国现代花艺一定要与人们的日常生活紧密结合，让花艺融入现代人的居家生活中，这样才能有广泛的群众基础。

第三章 中国现代花艺作品实例鉴赏

报喜

美酒飘香歌声飞,杯中洒满胜利的喜悦。

富贵平安

中国传统容器瓶的造型，代表富贵的牡丹花，配以红色毛线，采用浮雕的形式展现，寓意富贵保平安。

彩龙兆祥

以龙柳为主材料的四方架子和两边伸展的弧形结构，表示我们对美丽家园的向往和祈福。

乘舟同行

孤榜向何处,洞庭秋气多。天寒风起夕,江静月枕波。

池塘月色

以中西结合的技法,表现作品的意境。

窗前贵香

在传统的花窗纹样前摆放桂花瓶插，取桂花谐音，表现生活的美好景象。

春草

用花艺的形式表现不同质感的作品。

灯映百合

月光映衬着摇曳的灯火,风中满是氤氲的宫灯百合香气。

春色宜人

春色宜人人胜春,风雨可喜喜如春。

芳心暗许

牡丹在木质的框景中如少女般娇艳,羞涩地绽放靓丽的颜容。

芬芳

飘逸轻柔的小花，犹如我们的梦想，飞向空中。

欢聚

花团锦簇,欢呼雀跃,一片祥和。

鼓舞人心

在以干燥染色的红色剑叶粘贴形成的传统鼓形容器中插满文心兰,寓意鼓舞人心的斗志和奋勇向前的精神。

花好月下

以玻璃纸抓捏做的大环为背景,表现架构不同的质感。

中国现代花艺体系

画彩

　　竹梢编织的架构中,绘画般插入渐变的秋色植物,渲染出秋日漫山遍野的景色。

欢聚一堂

聚一份欢畅、聚一份吉祥、聚一份花好月圆的时光。

环肥燕瘦总相宜

用唐代的审美情趣,来表现作品的寓意。

激情四射

在红色竹片编织的方形架构周围,奔放跳跃的花朵激情芬芳。

开屏富贵

牡丹花有着花开富贵、国富民强的象征。打开一扇牡丹图案的大门,展现出一幅千姿百态牡丹花盛开的画卷。

乐开怀

以编织手法构筑成木条结构的酒杯形状，庆祝我们的和谐社会，祝福美好生活的时代。

恋恋红尘

人生在世,有真心有热情,何不潇洒走一回。

林中之喜

鲜明的花朵和天堂鸟在红瑞木丛林中鸣叫，诉说着心中的喜悦。

漫游

蓝色和半透明的圆前后高低错落,垂吊着的文竹和牡丹好像在海底世界漫游。

明月清风

竹片架构中用宣纸粘贴在圆形竹片里,几个圆形之间以枫叶相互连接,清新又有生命力,垂吊的小瓶插满了红色花朵和枝条,表现出风的动感。

翩翩起舞

干燥的蒲葵叶,一片片的层叠粘贴,飞跃着的蝴蝶兰,犹如翩翩起舞的精灵。

中国现代花艺体系

卷三

屏开蝶鸾

毛线垂帘中蝴蝶兰在白色宣纸和椭圆形架构中破茧而出,好像美丽的凤凰在飞舞。

情丝网连

用柳枝和鲜花表达恋人之间爱的缠绵和情深意长。

太平春色

大型花艺作品，垂吊的花，一束束悬吊在空中，祥和而美丽。

蜕变

用竹梢节做成蝉蛹形状的架构，比喻蝉脱壳蜕变，它们向往着美好焕然一新的生活。

舞动的心

　　一片片红掌和月季,在歌声中翩翩起舞,再现爱的纯真和青春的活力。

心心相印

在尤加利叶粘贴的心形结构中插入牡丹花,象征人间充满爱。

永恒

作品赞美友谊、真情、善良、信念的真谛。

云影芳踪

在以白色三叉木捆扎的架构中插入蓬松棉，象征着云朵，用垂吊的手法表现云朵在空中飘移的感觉,,色彩丰富的牡丹，在阳光和五彩斑斓的云朵中大放异彩。

梁祝

两个深情似海的人化身蝴蝶,在人间蹁跹飞舞。

静音

五个小瓶高高挑起,插出像音符一样的线条作品,表现美妙的音乐之声。